实验室安全技术

主　编　牟太丽　沈　红
副主编　周　杰　李　兰　沈　林
参　编　李　波　刘　耕　李勇辉
　　　　罗　瑞　张　怡　李成辉

北京理工大学出版社
BEIJING INSTITUTE OF TECHNOLOGY PRESS

内 容 简 介

本书内容丰富且结构清晰，精心设置三大核心模块：走进学校化学实验室、从企业事故回归实验室安全、了解相关法律法规。在这三大模块之下，进一步细化为十一项具体任务：认识化学实验室、实验室个人安全防护、仪器装置安全操作规范、化学品灼伤、化学品泄漏与中毒、电器与机械伤害、火灾事故、爆炸事故、实验室危险废弃物的管理处置、了解危险化学品安全管理法律法规、了解危险化学品相关标准。内容编排简明扼要、图文并茂，每个任务开篇明确学习目标，结尾设置任务总结与应用练习，通过这种系统性设计，全方位培养学习者的安全操作能力与风险应对意识。

图书在版编目（CIP）数据

实验室安全技术 / 牟太丽，沈红主编 . -- 北京：
北京理工大学出版社，2025.5.
ISBN 978-7-5763-5349-5

Ⅰ . G311

中国国家版本馆 CIP 数据核字第 2025K8H717 号

责任编辑： 张荣君	**文案编辑：** 张荣君		
责任校对： 周瑞红	**责任印制：** 施胜娟		

出版发行 / 北京理工大学出版社有限责任公司

社　　址 / 北京市丰台区四合庄路 6 号

邮　　编 / 100070

电　　话 / （010）68914026（教材售后服务热线）
　　　　　　（010）63726648（课件资源服务热线）

网　　址 / http://www.bitpress.com.cn

版印次 / 2025 年 5 月第 1 版第 1 次印刷

印　　刷 / 定州启航印刷有限公司

开　　本 / 787 mm × 1092 mm　1/16

印　　张 / 10.5

字　　数 / 178 千字

定　　价 / 79.00 元

前 言
PREFACE

作为科学探索的起点和技术创新的基石，实验室承载着人才培养与知识创造的重任，实验室安全更是重中之重。然而，实验室安全，绝非简单的操作规程，而是一门关乎生命健康、设备完好与环境和谐的严谨科学与实践艺术。它是每一位踏入实验室的人员必须掌握的核心素养，是保障科研、教学与生产活动顺利进行的前提，更是守护生命不可逾越的底线。在科技进步日新月异、实验活动日益复杂的今天，系统掌握实验室安全知识与技能，具备强烈的安全责任意识，已成为从业者不可或缺的硬实力。

本书正是基于这一深刻认知，旨在为实验室工作人员以及相关领域从业者提供一套全面、实用、紧跟时代的安全知识与技能训练体系。有效的安全教育不能停留于理论说教，必须扎根实践，直击痛点。因此，本书精心设计，力求将安全规范内化为行为习惯，将风险意识升华为职业本能。

在内容组织上，本书采用模块化任务驱动的结构，构建了一个由浅入深、从认知到精通的渐进式学习路径。全书共设三大模块，从学生走进学校化学实验室、认识化学实验室安全基本要素开始，到借助企业案例全面深化知识、能力与素质，再到最后能自主检索、解析与运用相关标准、法律法规，每个模块中的任务均以典型案例为切入点，通过"案例引入—知识探究—技能训练—反思提升"的学习闭环，使学生学会应对实验室安全技术相关的防护、预防、简单处理和管理问题。

本书的核心特色在于其鲜明的实践导向和育人融合。

1. 案例驱动，情境沉浸

全书以真实或典型的实验室安全事故案例为切入点。例如，在化学品灼伤防护任务中，通过深度复盘具体操作失误案例，引导学习者体悟"规程即底线"的职业敬畏，将安全规范内化为操作本能。在火灾、爆炸事故任务中，通过模拟应急演练和隐患排查实训，将抽象的"风险防控责任"具象化为团队协作中的角色担当和关键决策，深刻理解"责任重于泰山"的内涵。

2. 能力递进，闭环训练

每个任务单元严格遵循"案例引入—知识探究—技能训练—反思提升"的闭环学习模式。这种设计确保学习者不仅能理解安全知识，更能通过模拟操作、演练、排查等实训环节，切实掌握防护、预防、应急处置和管理的核心技能，并在反思中固化安全意识。

3. 对接前沿，融会贯通

在内容上，既扎实训练酒精灯使用、灭火器操作、个人防护装备穿戴等传统基础技能，也关注行业发展趋势，适时引入如智能火灾报警系统应用、特定工艺（如 LNG 船低温焊接）中的特殊安全要求等前沿技术与理念。同时，通过解析高水平实验室（如化学工程联合国家重点实验室）的管理体系和先进的安全防控创新成果，拓宽学习者视野，理解高标准安全管理的必要性和实现路径。

4. 素养内化，文化浸润

安全教育的核心不仅是技能的传授，更是责任与敬畏之心的培养。本书着力培养学习者的规则意识、风险预判能力、社会责任感和安全文化传播能力。将"生命至上""防患未然""敬畏规程"的理念深度融入专业技能学习全过程。

5. 化繁为简，易学易用

针对安全知识中复杂抽象的概念和流程，本书大量采用图示化、流程化、口诀化的表达方式，使关键信息一目了然，操作要点便于记忆和执行，显著提升学习效率和实操指导性。

本书可作为各类实验室新入职人员的安全培训手册、在职人员巩固和更新安全知识的实用参考书，以及对实验室安全管理感兴趣人士的系统学习资料。

我们期望，通过本书的系统学习和实践训练，每一位学习者都能深刻认识到安全是实验室工作的生命线，牢固树立"安全第一"的红线意识。掌握扎实的安全技术，不仅是对个人生命健康的负责，也是对团队、设备、环境乃至社会责任的担当。

唯有将安全的理念融入血脉，将规范的操作化为本能，方能在探索科学奥秘、精进技术技能的道路上行稳致远，为个人职业发展和整个行业的安全、可持续发展贡献坚实的力量。让安全成为习惯，让规范守护每一次探索。

编　者

目 录
CONTENTS

模块一　走进学校化学实验室

模块引入

　　化学是以实验为根基的科学，实验室是探索物质奥秘的核心载体。基于化学四大领域，实验室划分为实验准备室、分析室、危化品储存室等功能单元，每类空间均需配置专属通风、防爆、水电、消防及安全设施，以构建科学、安全的实验环境。

　　中学实验室是科学启蒙的实践平台，供我们观察反应现象、操作仪器设备，将知识转化为实践能力，培养严谨的科学思维与创新能力。然而，实验室潜藏化学品灼伤、机械伤害等风险，安全是化学实验的生命线。因此，进入实验室前，必须牢固树立"安全第一"理念，掌握个人防护用品（如护目镜、手套）的规范使用，践行"保护自己、保护他人、保护环境"的责任，让安全贯穿实验全过程。

　　本模块将系统解析实验室的功能分区与安全逻辑，聚焦中学常见仪器的分类与使用注意事项。从玻璃仪器的使用到电器仪器设备的通用注意事项，任务三"仪器装置安全操作规范"将详细讲解，助你筑牢实验技能与安全意识的双重基石。以规范为尺，以安全为盾，共同开启化学探索之门！

模块目标

　　1. 知道化学实验室的分类、功能与要求。

　　2. 知道实验室中可能存在的风险和个人防护用品的使用。

　　3. 能正确使用和规范管理实验室仪器设备。

　　4. 初步形成实验室安全意识。

任务一　认识化学实验室

任务准备

案例1：化学实验室历史[①]

中国的化学最早源自于古代炼丹家们的炼丹术。在炼制丹药的过程中，炼丹家们通过加入各种物质，再对其进行加热，实现了物质间用人工方法进行相互转变。因此，古代的炼丹房也成为最早的化学实验室。

国外的化学起源于炼金术，随着科学技术的不断发展，炼金士们为了方便炼金操作，发明了相关的工具，进而演变为最早期的实验器具。随着社会进步，建成了木质家具为主的化学实验室，但由于化学物质的腐蚀性，木质家具会被腐蚀，因此，耐腐蚀的实验台、简易通风橱、白大褂进入了实验室。随后，化学实验室已经可以按照不同的功能进行细分，各种不同功能的实验装置和实验设备被放入了不同的实验室。如今，计算机、环氧树脂地面、耐腐蚀和耐酸碱的实验台、各种精密的仪器以及相应的通风环保装置已经成为化学实验室的标准配置。古代炼丹房和现代化的化学实验室如图1-1-1所示。

图1-1-1　古代炼丹房和现代化的化学实验室

国内的化学课一般在初中就开始设置，相应的实验室也对学生开放。从中学到大学，化学实验室随着专业方向的不同而细分为不同功能的实验室。接下来，我们就从认识实验

---

① 历史深度解析. 道教炼丹由他而起，他是中国古代"丹经之王"[EB/OL].（2018-06-13）[2023-04-23]. https://k.sina.com.cn/article_6504842051_183b80343001009pix.html.

室开始，了解化学实验室的不同功能、仪器设备和相应的管理规范，同时也了解我国在化学实验室建设方面的成就。

感知体验

1. 知识分享：曾见过的化学实验室或仪器设备。
2. 了解领悟：化学实验室的配置与功能。

任务概述

从古到今，化学都是一门建立在实验基础之上的学科。因此，化学实验室成为化学发展的必要条件。其按照无机化学、有机化学、分析化学、物理化学四大基础化学领域的科学研究、检测分析、教育教学等功能来分类，主要分为化学实验准备室、仪器存放室、化学分析室、仪器分析室、称量室、一般化学品储存室、危险化学品储存室、纯水室、高温室、危险废物暂存室等。本任务主要介绍常见化学实验室的功能以及每类实验室在通风、水电、消防、安全等方面的相关配置。

任务目标

1. 知道化学实验室的分类。
2. 能对常见化学实验室的功能进行阐述。
3. 知道常见化学实验室的安全要求。

知识学习

学校与化工类企业一般都会建立化学实验室，其中，企业的实验室一般是围绕企业工艺优化、产品和中间体的检测进行建设，功能指向性更强，覆盖面较窄；学校一般是以基础实验室为主，不同化学实验室的功能不同，它不会特定指向某一工业产品。接下来，我们逐一认识学校不同功能的化学实验室。

一、化学实验准备室

化学实验准备室是化学教师、实验人员准备实验和进行实验教学研究的场所，如图1-1-2所示。

（一）功能：主要进行化学溶液的配制、试剂准备、实验等操作。

（二）常用仪器：常规玻璃仪器、教具柜、试剂柜、称量仪器。

（三）常规配置：

1. 配备耐酸碱的带水槽的中央实验台，且应安装有地漏等装置；

2. 配备电源、通风橱和排风扇，确保实验人员的人身安全；

3. 光线充足，具备充分的活动场所，确保实验人员能完成相关实验操作。

（四）安全设施：可供化学教师、实验人员使用的灭火器、沙箱、淋浴装置、洗眼器、防护服、手套、记录仪等。

图 1-1-2　化学实验准备室

二、仪器存放室

仪器存放室如图 1-1-3 所示。

图 1-1-3　仪器存放室

（一）存放原则：满足条理性，符合科学性。

（二）存放要求：

1. 分类存放：仪器按目录分类放置于存放柜内，具体位置以容器类、量器类、其他类进行划分，再按仪器小类分层布置，如容器类可根据容器是否能进行加热分为能加热和不能加热两类。

2.方便取用：常用仪器置于外层，并在对应存放橱窗上贴明标签，方便寻找、取用、收纳。

3.玻璃仪器：合理排列，整齐有序，保持清洁无尘，定期检查，发现破损及时更换，保证仪器处于常态化备用状态。

4.非玻璃仪器：按照仪器使用说明书的要求规范存放，并将说明书分类整理，装订成册，方便查阅。

三、分析检验操作室

分析检验操作室包含化学分析室（图1-1-4）和仪器分析室（图1-1-5），简称化分室和仪分室。

图1-1-4 化学分析室

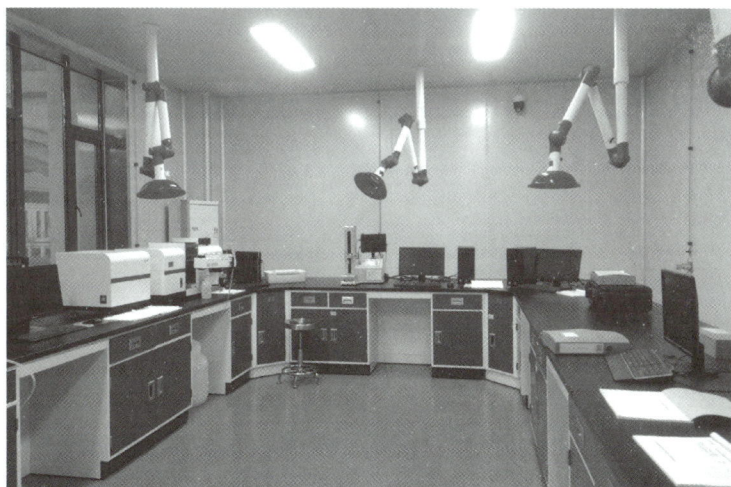

图1-1-5 仪器分析室

（一）化分室

1. 功能：属于基础化学实验室，一般进行化学处理和分析测定，主要开展样品处理、离心、沉淀、过滤等常规实验和酸碱、沉淀、配位、氧化还原四大类滴定分析。

2. 常规配置：配有中央实验台（含水槽、置物架等）、通风装置、给排水系统、分析用玻璃仪器和常用的电器设备等。

3. 安全设施：配有淋浴装置、洗眼器、灭火器和防护服等。

（二）仪分室

1. 功能：也属于基础化学实验室，主要利用仪器对化学物质进行定性和定量分析；配置温度计、湿度计、空调和除湿机等设备，再根据需要配置供气系统、报警系统、给排水系统和通风装置等。

2. 分类：可分为普通仪分室和精密仪分室。

3. 常见仪器：普通仪器有分光光度计、pH 计、电导率仪等；精密仪器有气相色谱仪（气质联用色谱仪）、液相色谱仪（液质联用色谱仪）、质谱仪、红外色谱仪、原子吸收光谱仪等。精密仪器价格昂贵、安装要求较高，常用于高校科研实验室或企业实验室。

4. 环境要求：恒温恒湿，防震隔震，配备用电源，特别注意载气气瓶的安全存放问题。

四、称量室

称量室也称为天平室，主要用于进行物质称量操作，如图 1-1-6 所示。

图 1-1-6　称量室

（一）功能：称取化学品。

（二）常规配置：托盘天平、分析天平、电子天平、实验台、手套等。

（三）环境要求：保持室内环境相对稳定、整洁，不放置与称量无关的物品；保持室内干燥、明亮，避免阳光直射；远离震源、热源和电磁干扰，防止称量结果出现误差；恒温恒湿，避免明显的空气对流；禁止水汽和腐蚀性气体进入，不得在室内存放或转移挥发性、腐蚀性的试剂或样品。

五、化学品储存室

分析检测类实验室的运行需要储存一定量的化学品，某些化学品有一定的毒性及危险性。加强对化学品的管理，既是保障分析检测结果质量的必要举措，更是确保生命财产安全的关键所在。化学品的储存根据其易燃、易爆、毒害性、腐蚀性和潮解性等不同特点，以不同的方式储存和使用，由此可将化学品储存室分为一般化学品储存室（图 1-1-7）和危险化学品储存室（图 1-1-8）。

图 1-1-7　一般化学品储存室

图 1-1-8　危险化学品储存室

（一）一般化学品储存室

1. 存放试剂：用于存放除危险化学品以外的一般化学试剂。

2. 存放要求：依据《危险化学品仓库储存通则》（GB 15603—2022），墙面使用防火材料，地面使用环氧树脂或具有较高强度的防滑地砖，门采用特制的防火防盗门，窗户采用防盗窗加装不锈钢防虫鼠网纱；根据公安部门要求配置烟感、温感探测器和不同种类灭火器及沙箱沙桶；安装通风设备和监控设备；配置耐酸碱和耐腐蚀的货柜和货架；设置警示牌和警示标志；实行双人双锁管理。

（二）危险化学品储存室

1. 存放试剂：用于存放易燃、易爆、剧毒类化学试剂。

2. 存放要求：按照《易燃易爆性商品储存养护技术条件》（GB 17914—2013）、《腐蚀性商品储存养护技术条件》（GB 17915—2013）、《毒害性商品储存养护技术条件》（GB 17916—2013）实施执行，实验室在建造、装修过程中要按照《危险化学品建设项目安全监督管理办法》执行。

3. 管理要求：教育部办公厅 2013 年 5 月发布《关于进一步加强高等学校实验室危险化学品安全管理工作的通知》，其中提到"进一步明确实验室危险化学品的安全管理责任"，对于危险化学品中的毒害品，要参照对剧毒化学品的管理要求，落实"五双"即"双人保管、双人领取、双人使用、双把锁、双本账"的管理制度。

六、纯水室

1. 功能：纯水室（图 1-1-9），辅助实验室，主要用以制备化学实验室理化检测使用的纯化水。

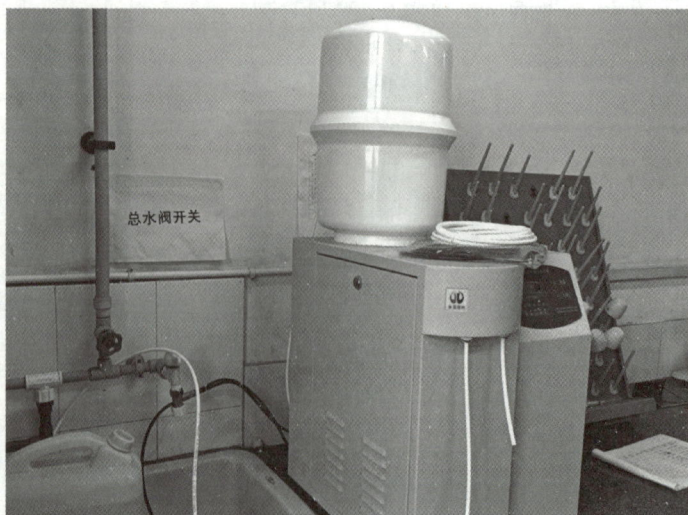

图 1-1-9　纯水室

2. 常规配置：主要安装有自来水系统、纯化水制备系统、温度计、湿度计、恒温装置、空调和除湿机等附属设备。纯化水制备系统采用反渗透和离子交换技术，通过微型计算机控制程序和水质自动检测控制技术，制备出满足实验室使用的标准纯化水。

3. 附属配置：报警系统、给排水系统和通风装置。除此之外，实验室还应当配置合适的消防器材和防毒面具。

七、高温室（图1-1-10）

1. 功能：用于物品、玻璃仪器的干燥，以及烧结、加热、灰化等操作。

2. 常规配置：主要放置真空干燥箱、鼓风干燥箱、精密干燥箱、电热恒温干燥箱等干燥箱、高温炉（马弗炉）及耐高温试验台等。

图 1-1-10　高温室

八、危险废物暂存室（图1-1-11）

1. 功能：收集和暂存化学危险废物。

2. 管理要求：按照《危险废物贮存污染控制标准》（GB 18597—2023）执行，实验室管理人员在处理危险废物时应根据剧毒废液类、有机废液类、无机废液类、废弃化学品、废旧试剂空瓶进行分类，将危险废物装入不同的暂存容器中，并贴好标签、做好台账，最后由有资质的危险废物处置公司进行统一收集、运输、贮存、处理和处置。

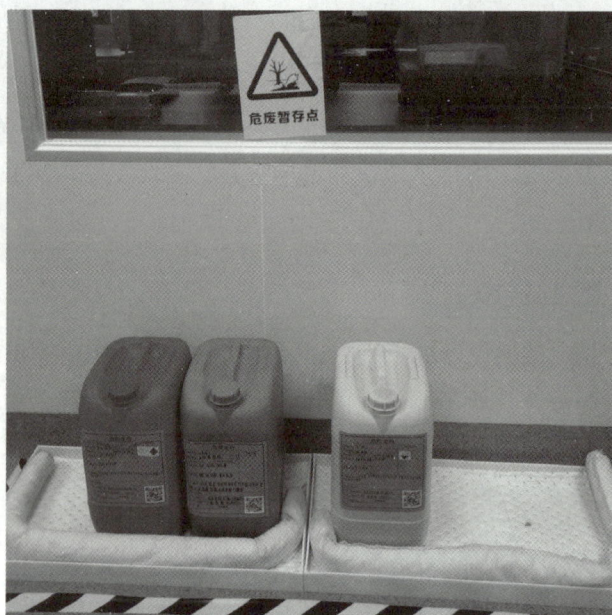

图 1-1-11　危险废物暂存室

学以致用

一、能够根据下列图片内容判断其属于哪个功能的实验室。

二、能够简单描述该实验室有哪些仪器设备。

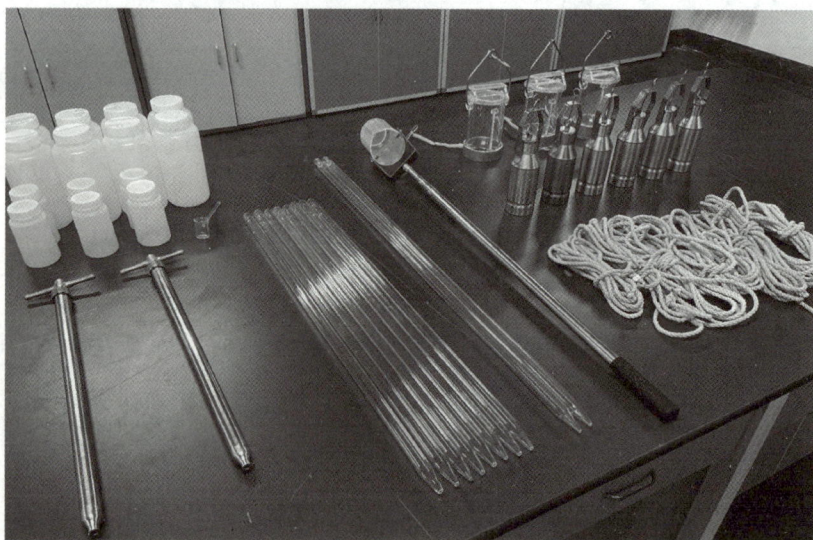

该实验室的类别为：＿＿＿＿＿＿＿＿＿＿＿＿＿＿＿＿＿＿＿＿＿＿＿＿＿＿＿＿＿；

该实验室的主要仪器设备有：＿＿＿＿＿＿＿＿＿＿＿＿＿＿＿＿＿＿＿＿＿＿＿＿。

该实验室的类别为：_____；

该实验室的主要仪器设备有：_____。

该实验室的类别为：_____；

该实验室的主要仪器设备有：_____。

该实验室的类别为：_____；

该实验室的主要仪器设备有：_____。

延伸拓展

案例2：化学工程联合国家重点实验室

化学工程联合国家重点实验室依托天津大学、清华大学、华东理工大学和浙江大学。它由精馏分离、萃取分离、固定床反应工程和聚合反应工程四个实验室组成，分别设在清华大学、天津大学、华东理工大学和浙江大学。该实验室主要研究方向是：两相和多相系统传递和反应过程的规律，开发新型、高效过程和设备；有关化工过程的数学模型，开展计算机辅助设计（CAD）、计算流体力学（CFD）和人工智能（AI）在化工中应用的研究；化工过程动态特性及优化控制的研究、反应和分离或分离和分离的耦合过程研究；开发化工新产品、新技术，向生物工程、新材料等高技术领域发展[①]。

---

① 化学工程联合国家重点实验室.实验室简介[EB/OL].（2021-05-11）[2023-04-28]. http://sklpre.zju.edu.cn/redir. php?catalog_id=4.

评价量表

我能说出：5 种以上实验室的名称（　　　）

我做得很差	我做得较差	我做得一般	我做得较好	我做得很好
1	2	3	4	5

我能说出：5 种以上实验室的功能（　　　）

我做得很差	我做得较差	我做得一般	我做得较好	我做得很好
1	2	3	4	5

我知道：实验室建设有安全要求（　　　）

我做得很差	我做得较差	我做得一般	我做得较好	我做得很好
1	2	3	4	5

我能理解：基于化学四大领域对实验室进行分类（　　　）

我做得很差	我做得较差	我做得一般	我做得较好	我做得很好
1	2	3	4	5

我能选择：合适的仪器以满足实验室的需求（　　　）

我做得很差	我做得较差	我做得一般	我做得较好	我做得很好
1	2	3	4	5

我能完成：基础化学实验室的常规配置（　　　）

我做得很差	我做得较差	我做得一般	我做得较好	我做得很好
1	2	3	4	5

我认识到：实验室安全设施的重要性（　　　）

我做得很差	我做得较差	我做得一般	我做得较好	我做得很好
1	2	3	4	5

我了解了：不同类别实验室的功能及安全设施（　　　）

我做得很差	我做得较差	我做得一般	我做得较好	我做得很好
1	2	3	4	5

我认为：我主动阅读了案例，并积极参与了课堂活动（　　　）

我做得很差	我做得较差	我做得一般	我做得较好	我做得很好
1	2	3	4	5

任务总结

安全知识

安全技能

1.化学实验室的分类
2.各类化学实验室的功能
3.各类化学实验室的配置与管理
4.各类化学实验室的安全设施

1.根据实验室的环境判断实验室的功能
2.为实验室匹配实验仪器设备

文化自信   职业素养

应用练习

1. 下列图中哪幅图是托盘天平？（   ）

A.   B.   C.   D.

2. 天平使用过程中应（   ）震源。

A. 远离   B. 靠近

C. 操作时间短可以靠近   D. 随便

3. 不使用水的大型精密仪器应（   ）水。

A. 远离   B. 靠近

C. 夏天靠近，冬天远离   D. 随便

4. 大型精密仪器室需不需要保证恒温恒湿？（   ）

A. 不需要   B. 需要

C. 有时需要，有时不需要   D. 都可以

任务二　实验室个人安全防护

任务准备

实验室案例1：事故回顾

事故发生的一年来，郭某在微博上除了发布自己案情的进展、偶尔发一张过去阳光自信的照片，他关注最多的事就是实验室事故。2016年，还是二年级研究生的郭某正在帮两位师弟演示氧化石墨烯制备实验，但并未佩戴防护面罩。"砰"的一声闷响，火光猛烈地直击他们三人。回忆当时的情景，郭某说自己瞬间失明，全身多处被玻璃划伤。医生看后说："这眼睛像水煮蛋一样，熟了"[1]。图1-2-1所示为当时的新闻报道。

郭某的遭遇只是诸多实验室事故受害者所亲历的"冰山一角"。事实上，因未正确进行个人安全防护直接和间接造成的实验室伤亡事故占80%以上[2]。

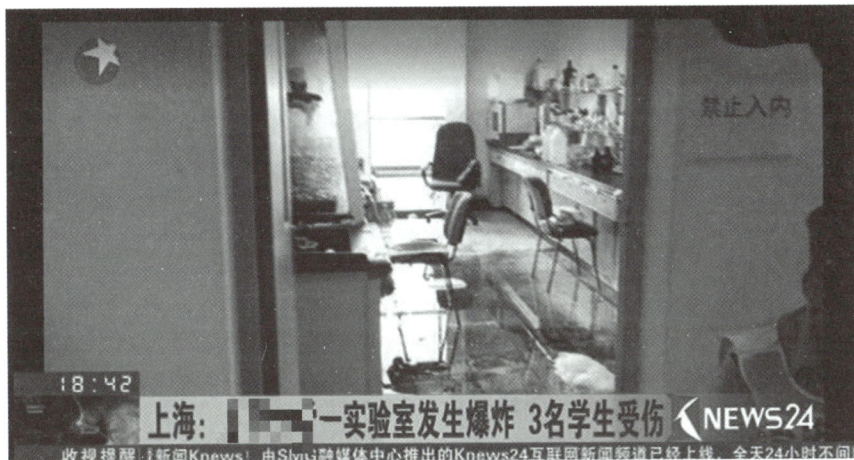

图1-2-1　新闻报道

---

[1]　时婷婷. 东华大学实验室爆炸案4年无结论，重伤学生与母校对簿公堂 [EB/OL].（2020-05-11）[2023-04-23]. https://www.thepaper.cn/newsDetail_forward_7348996.

[2]　韩扬眉. 20年113起事故：保障高校实验室安全，关键在哪？ [EB/OL].（2021-12-27）[2023-04-23]. https://www.huxiu.com/article/483531.html.

感知体验

1.事故直接原因：发生剧烈化学反应，导致爆炸事故，造成严重的化学品与高温灼伤、玻璃碎片划伤等。

2.事故间接原因：郭某违反操作规程操作不当、未正确进行安全防护；学校安全设备配备不齐全，安全教育不到位。

任务概述

中学化学实验室是进行化学实验教学和实践操作的场所，通过实验操作加深学生对化学的理解认识、培养实验操作技能和科学素养，进而使得学生未来能在实验室中胜任相关工作。

化学实验存在着各种各样潜在的风险，如化学品、仪器设备的不当使用等。因此在走进实验室之前，我们必须知晓实验室中可能存在的风险，并熟知如何预防不同类别的风险，做到"安全第一，预防为主，保护自己，保护他人，保护环境"，在安全的前提下完成学习实践，并将安全理念传递给更多的人。

任务目标

1.知道实验室中可能存在的风险。

2.知道实验室个人防护措施，掌握实验室个人防护用品的适用场景、穿戴方法和注意事项。

3.初步具备安全意识。

知识学习

一、实验室中可能存在的风险

实验室中的风险指在实验室环境中，可能对人员、设备或环境造成损害的因素。其主要包括化学品风险和仪器设备风险。我们从中学化学实验室出发，认识化学实验室中常见化学品、仪器设备的风险。

（一）化学品风险

中学化学实验室涉及各类化学品的使用，如果使用不当，那么化学品可能会对人体造成不同程度的伤害。常见的化学品风险包含了化学品的腐蚀性、毒性、易燃性、爆炸性等。图 1-2-2 所示为化学品腐蚀金属。

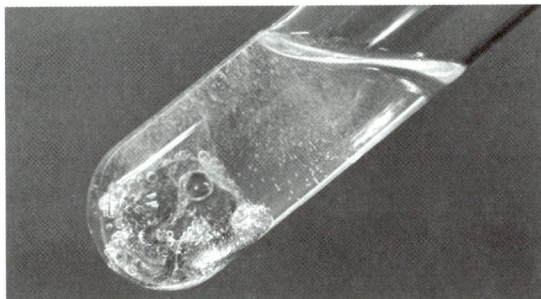

图 1-2-2　化学品腐蚀金属

（二）仪器设备风险

中学化学实验室中涉及大量玻璃仪器、机械电器设备的使用。若使用不当，则存在机械伤害、电器伤害的可能性。图 1-2-3 所示为破碎的玻璃仪器。

图 1-2-3　破碎的玻璃仪器

二、实验室个人防护

由于化学实验室存在着各种潜在风险，因此实验人员应具备安全意识、掌握安全知识、做好个人防护措施。

（一）实验室个人防护原则

1. 安全第一

安全永远是实验室工作的首要原则，实验人员在进行实验前应充分了解实验的风险和防护措施。

2. 遵守规则

严格遵守实验室的各项安全规章制度和操作规程，不违规操作。

3. 个人防护

根据实验内容和风险等级，选择合适的个人防护装备。

（二）实验室个人防护措施

实验室提供完备的安全设施设备和安全的实验环境。如配备洗眼器、淋浴装置、灭火器和急救箱等急救用品，对化学品储存区域、急救用品、危险区域和应急出口等区域划定安全标志，对化学品贴上标签表明化学品名称、危险性等。

实验人员则应在实验过程中做好以下防护措施以确保个人安全。

1. 正确穿戴个人防护用品

实验人员应正确穿戴合适的个人防护用品，这些防护用品有助于保护实验人员的头面部、呼吸道、手部、身体和脚部。常见的中学实验室防护用品包括防护面罩、护目镜、化学防护手套和实验服。

2. 开启实验室通风系统

进行化学实验前，实验人员应开启通风系统，确保实验室内空气流通。通风系统可将实验室空气中潜在的有害物质排出，从而减小风险。

3. 正确处理废弃物

实验人员应正确贮存、处置实验室中的各类废弃物，防止对人体和环境造成危害。

4. 保持环境整洁

实验人员应保持实验室的环境整洁，防止杂乱、不洁的环境可能导致的风险。

5. 定期接受安全培训

实验人员应定期接受安全培训，了解实验室中存在的潜在风险和突发事件的应对方法。

（三）实验室禁止事项

实验室事故大多数是因缺乏安全意识、未进行规范操作等导致的，所以在实验室中须注意以下事项：

1. 禁止在实验室内饮食、吸烟；
2. 禁止在实验室内玩耍、打闹；
3. 禁止着装不规范、长发不束发；
4. 禁止随意使用、带走试剂和仪器设备；
5. 禁止将废弃物、试剂随意排放倾倒。

三、实验室个人防护用品

实验室个人防护用品是保护实验人员人身安全的防护物品，可以防止实验风险给实验人员所带来的各种伤害。

在实验前，实验人员应根据不同实验的要求，选择不同的个人防护用品进行组合穿戴。为防止交叉污染，实验人员洗手后一般以"身体—手部—头面部"的顺序穿戴个人防护用品。如图 1-2-4 所示。

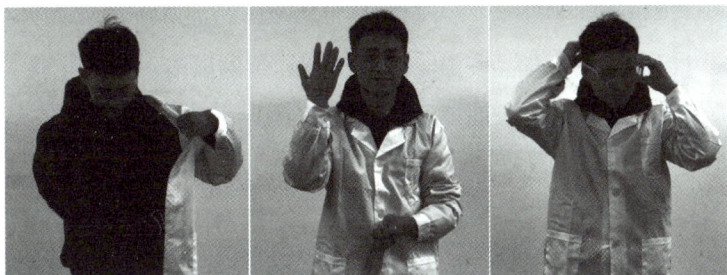

图 1-2-4　一般穿戴顺序

安全小贴士

六步洗手法

六步洗手法是实验人员、医务人员常规的洗手消毒方法，可以有效清洁手部污染物和病菌，预防化学品伤害和传染性疾病。如图 1-2-5 所示，其口诀为：内外夹弓大立。

内：掌心向内，手指并拢，相互揉搓；

外：手心贴手背，手指交叉，沿指缝搓揉；

夹：掌心相对，手指交叉，沿指缝揉搓；

弓：弯曲手指，放在另一掌心旋转揉搓；

大：握住大拇指，旋转揉搓；

立：指尖并拢，放在另一掌心旋转揉搓。

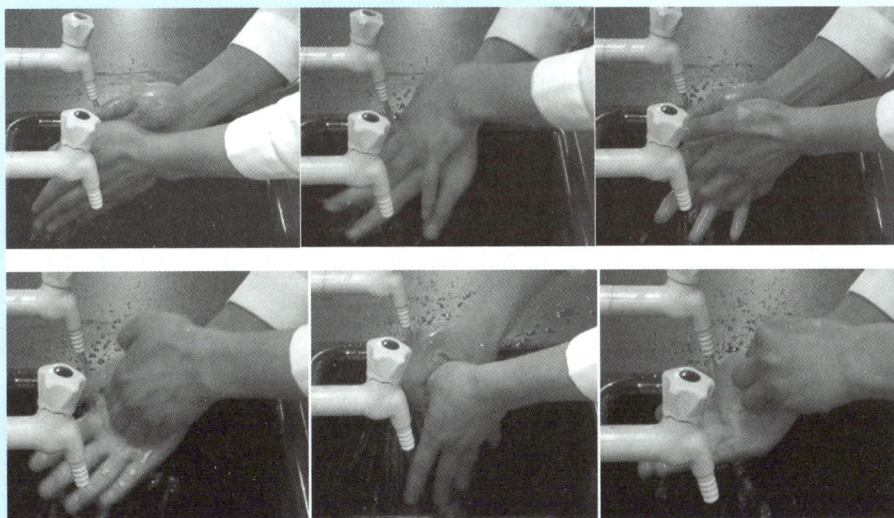

图 1-2-5　六步洗手法

（一）头面部、呼吸道防护用品

实验室头面部防护用品主要包括防护面罩、护目镜；呼吸道防护用品主要是防毒面具。

1. 防护面罩和护目镜

由于在实验过程中存在化学品飞溅、玻璃仪器炸裂的风险，因此实验人员都应预先佩戴防护面罩或护目镜。常见的防护面罩和护目镜如图 1-2-6 所示。

图 1-2-6　常见的防护面罩和护目镜

2. 防毒面具

实验人员可能接触到有毒有害气体、蒸气、微生物或粉尘等，都应预先穿戴防毒面具，并在通风橱中进行相关实验。常见的防毒面具如图 1-2-7 所示。

图 1-2-7　常见的防毒面具

（二）手部、身体与脚部防护用品

实验室手部防护用品主要是手套；身体防护用品主要是实验服、防护服；脚部防护用品主要是鞋套、铁头鞋等。

1. 手套

实验人员在接触化学品前，应穿戴化学防护手套；在搬运重物等可能受到机械伤害的操作前，应穿戴一般用途手套；在接触高温物体或接近高温环境前，应穿戴防热手套。常见的手套如图 1-2-8 所示。

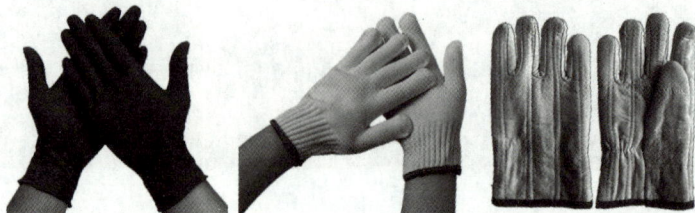

图 1-2-8　常见的手套

2. 实验服

进入化学实验室前，应预先穿戴好实验服。常见的实验服如图 1-2-9 所示。

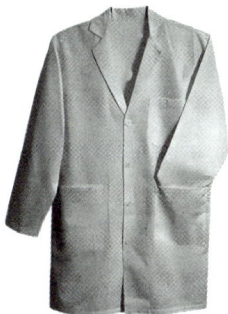

图 1-2-9　常见的实验服

学以致用

中学化学实验：钠与水反应的个人防护用品选择与穿戴

钠与水发生反应所用到的实验化学品有钠、水、酚酞试剂；实验仪器有烧杯、镊子、小刀、滤纸。钠的化学性质非常活泼；钠与水反应可能会导致液体飞溅、烧杯炸裂；用小刀切割钠块时可能造成机械伤害。所以该实验需提前做好头面部、手部和身体的防护，需要提前穿戴防护面罩、化学防护手套和实验服。个人防护用品穿戴的顺序是在洗手后先穿戴实验服，再穿戴手套，最后穿戴防护面罩。

一、穿戴实验服的流程

一查：检查实验服是否破损或被污染；

二穿：将实验服抖散，穿上实验服并扣好扣子；

三调：调整下摆、袖口与领口等部位。

注意事项：

实验服应在专门的更衣间穿脱，并保证更衣室处于关闭状态；实验过程中尽量避免实验服内面与外面的相互接触；实验服应定期清洗或更换。

二、穿戴手套的流程

一查：检查手套是否破损或被污染；

二穿：将手套边缘卷起，手部逐渐伸入，然后将边缘展开；

三调：调整手套的位置。

注意事项：

化学防护手套应为一次性使用；避免使用过程中手套过度拉伸；如果手套防护能力下降或破损，应当及时更换新的手套；避免手套暴露在紫外线或阳光下贮存。

三、穿戴防护面罩或护目镜的流程

一查：检查防护面罩或护目镜是否破损或被污染；

二穿：整理头发，将防护面罩或护目镜穿戴在头部正中；

三调：调整位置和头带的松紧程度。

穿戴护目镜

注意事项：

使用前应检查防护面罩或护目镜是否洁净；尽量避免手接触透明部分；使用后应用清水冲洗外部污物，放在通风处晾干；避免暴露在紫外线或阳光下贮存。

安全小贴士

学校实验室安全制度

制定实验室安全规章制度是为了杜绝实验室事故发生。学校以安全法律法规为依据，结合实验室的特点制定实验室安全规章制度。

一般实验室安全制度由以下 6 个板块组成：

1. 安全管理职责：明确管理人员分工、职责和权力；

2. 安全操作规程：包括实验前、实验中、实验后的操作规范；

3. 安全设施要求：包括建筑、室内布局、安全设施设备等；

4. 安全教育培训：包括对实验人员安全教育、培训内容的要求；

5. 应急管理：包括实验室应急预案、安全演习和应急处理流程；

6. 安监检查：包括安全监督检查机制等。

教育部关于加强高校实验室安全工作的意见

延伸拓展

实验室案例2：武汉国家生物安全实验室

武汉国家生物安全实验室（武汉 P4 实验室），是亚洲第一个正式投入运行的 P4 级别生物安全实验室，如图 1-2-10 所示。P 是英文"protection"防护的意思。根据传染病原的传染性和危害性，国际上将生物安全实验室分为 P1、P2、P3、P4 四个生物安全等级，P4 实验室是生物安全最高等级的实验室。

武汉 P4 实验室建筑外形像一个密封的大盒子，核心区实验室的墙壁采用不锈钢激光焊接，配备定向负压系统和双层过滤系统使得高危物质无法逃逸。它拥有严格的人员进出制度，进入 P4 实验室需要花费至少半小时进行层层消毒，包括沐浴、二更、缓冲等步骤才能入内，实验室工作人员也必须穿戴正压防护服进行层层防护，以保证在"最危险的地方"安全地工作[1]。

---

① 新岛周报. 探秘武汉 P4 实验室：亚洲唯一一个超级病毒实验室 [EB/OL].（2020-02-06）[2023-04-23]. https://www.sohu.com/a/371156789_231199.

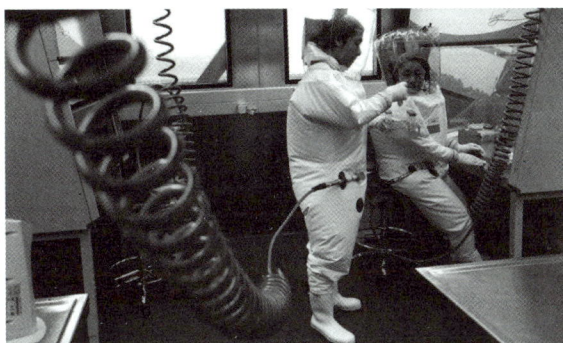

图 1-2-10　武汉国家生物安全实验室

评价量表

我能说出：实验室中可能存在的风险有哪些（　　　）

我做得很差	我做得较差	我做得一般	我做得较好	我做得很好
1	2	3	4	5

我能说出：实验室个人防护的原则（　　　）

我做得很差	我做得较差	我做得一般	我做得较好	我做得很好
1	2	3	4	5

我知道：实验室个人防护用品该如何分类（　　　）

我做得很差	我做得较差	我做得一般	我做得较好	我做得很好
1	2	3	4	5

我能理解："实验室安全制度"的内容（　　　）

我做得很差	我做得较差	我做得一般	我做得较好	我做得很好
1	2	3	4	5

我能选择：合适的防护用品进行个人防护（　　　）

我做得很差	我做得较差	我做得一般	我做得较好	我做得很好
1	2	3	4	5

我能完成：防护用品的正确穿戴（　　　）

我做得很差	我做得较差	我做得一般	我做得较好	我做得很好
1	2	3	4	5

续表

我认识到：实验室中存在诸多风险因素（　　）

我做得很差	我做得较差	我做得一般	我做得较好	我做得很好
1	2	3	4	5

我了解了：实验室安全规章制度（　　）

我做得很差	我做得较差	我做得一般	我做得较好	我做得很好
1	2	3	4	5

我认为：我主动阅读了案例，并积极参与了课堂活动（　　）

我做得很差	我做得较差	我做得一般	我做得较好	我做得很好
1	2	3	4	5

任务总结

安全知识　　　　　　　　　　安全技能

实验室中可能存在的风险
1.化学品风险
2.仪器设备风险

实验室个人防护
1.实验室个人防护原则
2.实验室个人防护措施
3.实验室禁止事项

实验室个人防护用品
1.头面部、呼吸道防护用品
2.手部、身体与脚部防护用品

→ 穿戴实验服
穿戴手套
穿戴防护面罩或护目镜

护己护人　科技报国

应用练习

你在知晓了实验内容——稀HCl溶液与金属Mg的反应后，提前召集小组同学预习了实验内容，并展开了关于实验室安全的小组会议。

1.使用盐酸可能出现的风险是（　　）。

A.腐蚀性　　　　　B.毒性　　　　　C.易燃性　　　　　D.爆炸性

2.盐酸与镁的反应会产生大量氢气，可能会导致盐酸（　　）。

A.变多　　　　　B.喷溅　　　　　C.凝固　　　　　D.燃烧

3.（多选题）哪些行为是实验室中的禁止行为？（　　　）

A. 头发披肩　　　　B. 穿凉鞋　　　　C. 喝可乐　　　　D. 带走试管

4.（多选题）盐酸与金属镁的反应需穿戴的个人防护用品有（　　　）。

A. 防护面罩　　　　B. 手套　　　　C. 实验服　　　　D. 防毒面具

5. 佩戴手套时，首先应该＿＿＿＿＿＿＿＿＿＿＿＿＿＿＿＿＿＿＿＿＿＿＿＿＿；

然后＿＿＿＿＿＿＿＿＿＿＿＿＿＿＿＿＿＿＿＿＿＿＿＿＿＿＿＿＿＿＿＿＿＿；

最后＿＿＿＿＿＿＿＿＿＿＿＿＿＿＿＿＿＿＿＿＿＿＿＿＿＿＿＿＿＿＿＿＿。

6. 思考：如果实验过程中因盐酸浓度过高，导致反应过于剧烈时，盐酸从试管口喷出，溅到实验服上，你认为应当如何处理？

_____

_____

任务三　仪器装置安全操作规范

任务准备

学校案例：事故回顾

2017 年 3 月 27 日 19 时左右，上海某大学化学楼实验室两名大三学生在做实验，其中一名学生在处理刚反应完的反应釜时，反应釜（图 1-3-1）突然发生爆炸，导致该学生左手大面积严重创伤，右臂贯穿伤骨折。

化学系值班教师和保卫处安保人员最先到达事故现场进行应急处置，随后救护车将该名学生送往医院救治。现场尚遗留同批未处理反应釜两只，为避免再次发生意外，消防防爆专业人员对剩余反应釜进行了处置。

图 1-3-1　反应釜

反应釜安全
操作规范

感知体验

1.事故原因：反应结束后反应釜未冷却，该学生就将内部存在高压气体的反应釜取出处理。

2.事故教训：压力容器在高温高压条件下反应结束后，须待容器完全冷却且排出压力后，再做进一步处理，切勿心急违规操作。

任务概述

2023年全国职业院校技能大赛（中职组）"食品药品检验"赛项在芜湖职业技术学院成功举办。来自全国28个省、自治区、直辖市的54所院校经历两天的激烈角逐，最终产生一等奖5项，二等奖11项，三等奖16项。如图1-3-2所示。

选手们以认真端正的态度、敢于拼搏的精神和专业严谨的操作，完成实操模块食品中总酸的测定、对乙酰氨基酚片的质量分析、理论知识考试和测定药品含量的虚拟仿真操作。

获得本次大赛一等奖的选手，来自南京市莫愁中等专业学校的宋欣玥表示："通过这次比赛，不仅仅提升了自身的职业技能水平，加强了专业知识技能，裁判公平公正的执裁和专业严谨的态度更是给我留下了深刻的印象。[①]"

实操模块的台面上规整地摆放着用于制备乙酰氨基酚片试样的烧杯、容量瓶、移液管等玻璃仪器，还摆放着紫外-可见分光光度计等用于测定乙酰氨基酚片质量的仪器。这些中学实验室中常见的仪器该如何进行分类？化学实验室常见仪器设备应该如何安全地使用？让我们走进任务三"仪器装置安全操作规范"一探究竟。

图1-3-2 "食品药品检验"赛项颁奖典礼

任务目标

1.知道实验室仪器设备的用途及分类；

2.能选用符合实验要求的仪器设备；

---

① 世界职业院校技能大赛. 2023年全国职业院校技能大赛（中职组）"食品药品检验"赛项圆满落幕[EB/OL].（2023-10-08）[2023-06-22]. https://www.vcsc.org.cn/searching?id=MjY0ZWI5YWNlZjgzNGRmYzljNzhhYWE0Y2NhYzYjyjQ.

3.能规范管理实验室仪器设备;

4.具有实验室安全意识,能有效地控制实验室安全风险。

知识学习

一、实验室仪器设备的分类

在 https://openstd.samr.gov.cn/bzgk/gb/(国家标准全文公开系统)中输入关键词"实验室仪器",检索到《实验室仪器及设备分类方法》(GB/T 40024—2021)国家推荐标准。如图 1-3-3 所示。

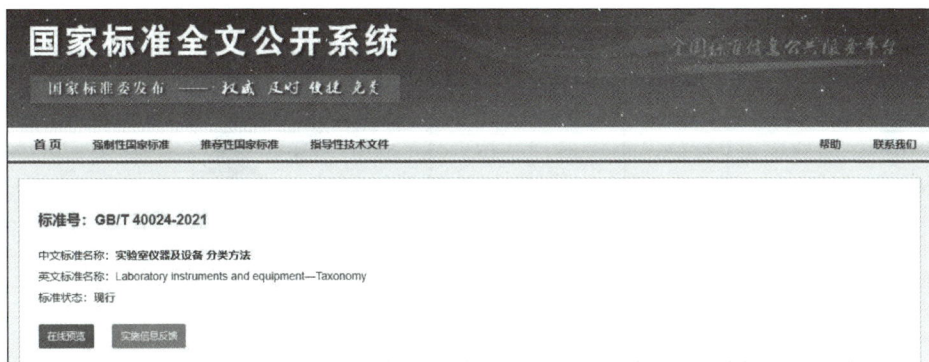

图 1-3-3　标准检索示意图

依据国家标准,化学实验室主要包括七类仪器设备:

1.分析仪器设备;

2.加热、制冷及空气净化与调节设备;

3.热学测量仪器;

4.力学测量仪器;

5.物性测量仪器设备;

6.样品处理仪器设备;

7.时间频率测量仪器。

中学化学实验室最常用的仪器为玻璃仪器。按其用途可分为容器类仪器、量器类仪器和其他类仪器。在使用时要根据具体的用途和用量,选择不同种类、合适规格的仪器。

1. 容器类仪器

容器类仪器可进一步分类为反应容器和贮存容器。

反应容器是用于完成物质物理反应、化学反应的容器,常见的反应容器主要有烧杯、烧瓶、锥形瓶、试管等,如图 1-3-4 所示。反应容器的玻璃器壁可以承受较高的温度变化,一般可以直接或间接加热,其热膨胀系数较低,在加热和冷却过程中不容易破裂。

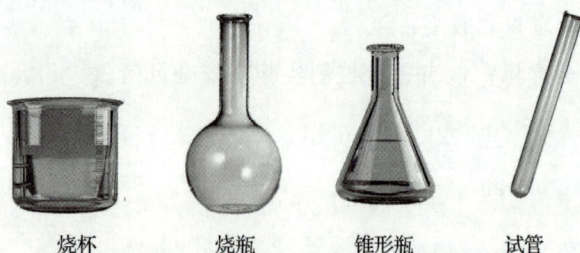

图 1-3-4　常见的反应容器

　　贮存容器是用于储存物质的容器，其可以保持物质的原有性质，防止泄漏、变质、污染等情况的发生，常见的贮存容器有细口瓶、广口瓶、滴瓶等，如图 1-3-5 所示。贮存容器需具备良好的密封性并具备一定的强度和稳定性，并且不能作反应容器使用。

细口瓶　　　　　广口瓶　　　　　滴瓶

图 1-3-5　常见的贮存容器

2. 量器类仪器

　　量器类仪器是用于度量溶液体积的玻璃仪器，常见的量器类仪器包括滴定管、移液管、吸量管、容量瓶、量筒、量杯等，如图 1-3-6 所示。量器上标有精确的刻度，用于准确测量液体的体积，这些刻度是按照严格的计量标准进行标定的，容易因使用不当变得不准确，所以量器不能作反应容器、贮存容器使用，也不能量取热溶液、加热。

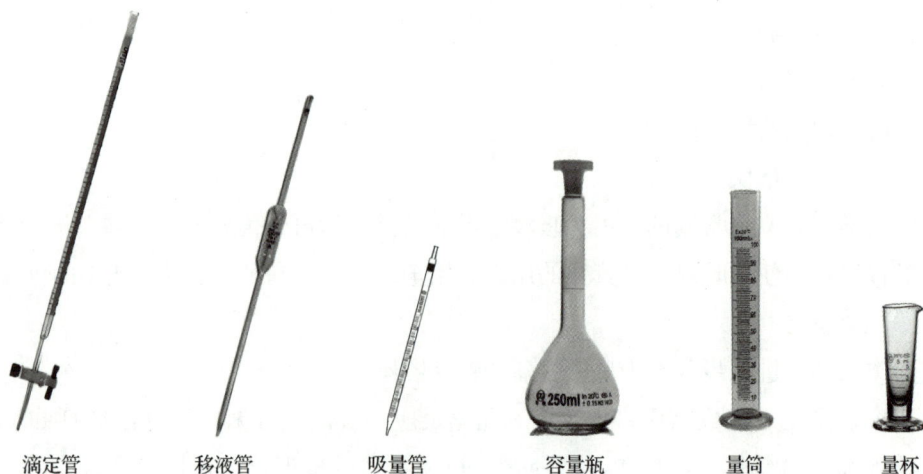

滴定管　　　　移液管　　　　吸量管　　　　容量瓶　　　　量筒　　　　量杯

图 1-3-6　常见的量器类仪器

3. 其他类仪器

其他类仪器主要包含玻璃管、玻璃棒、漏斗、表面皿、蒸发皿、玻片等。

二、化学实验室仪器设备使用注意事项

（一）实验室仪器设备的使用

依据国家标准，使用实验室仪器设备时应注意：

1. 实验室需制定关键仪器设备的作业指导书，必要时实验室可针对特殊仪器设备设定特殊的规定；

2. 实验室需建立管理制度，确保仪器设备在使用期间安全正常运行，并记录使用情况，定期存档；

3. 实验室需采取措施，防止仪器设备被随意调整、动用导致的不良后果。

（二）玻璃仪器使用注意事项

依据《教学仪器设备安全要求玻璃仪器及连接部件》（GB 21749—2008），使用玻璃仪器时应注意：

1. 一般注意事项

（1）使用时应避免玻璃表面划伤、崩损缺口、擦毛、擦伤、产生裂纹，如有上述情况不再使用该玻璃仪器；

（2）教学仪器上的玻璃零部件安装完毕后应贴上保护薄膜；

（3）平板玻璃叠放时应在其中间垫纸防止其粘附黏结，应严格防止平板玻璃间进水。

2. 玻璃仪器的干燥（图1-3-7）

（1）如果玻璃仪器需要干燥，可将洗净的仪器倒置晾干；

（2）须严格要求无水的实验，可将洗净并倒干水的仪器放在烘箱中烘干，或用酒精灯小火烤干；

（3）容量器皿不能在烘箱中烘干。

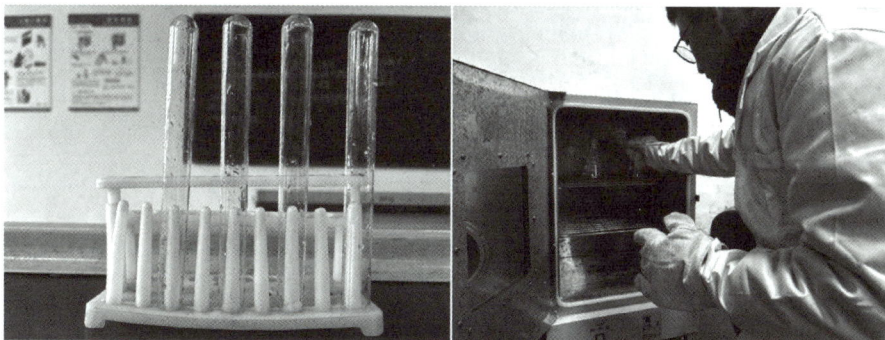

图1-3-7　玻璃仪器的干燥

3. 玻璃仪器的加热

（1）加热玻璃仪器前，必须确定瓶内是否有可燃性气体；

（2）加热液体时可根据液体量多少及蒸发快慢选择使用试管、烧杯、烧瓶或蒸发皿；

（3）用试管加热液体时，液体量不能超过试管容积的1/3；加热时试管口禁止正对他人和自己，以免液体喷出烫伤。试管加热液体时应先加热液体的中上部，再加热底部，并在加热过程中上下移动试管，以使液体受热均匀；

（4）在烧杯、烧瓶中加热液体时，液体量不应超过烧杯容积的1/2，或烧瓶容积的1/3。为使加热均匀，应在烧杯、烧瓶下面垫上石棉网；烧杯加热时应伴以搅拌，烧瓶加热时应视情况加入助沸物。加热试管、烧杯、烧瓶等仪器时，因其壁薄、机械强度低，必须小心操作，如图1-3-8所示；

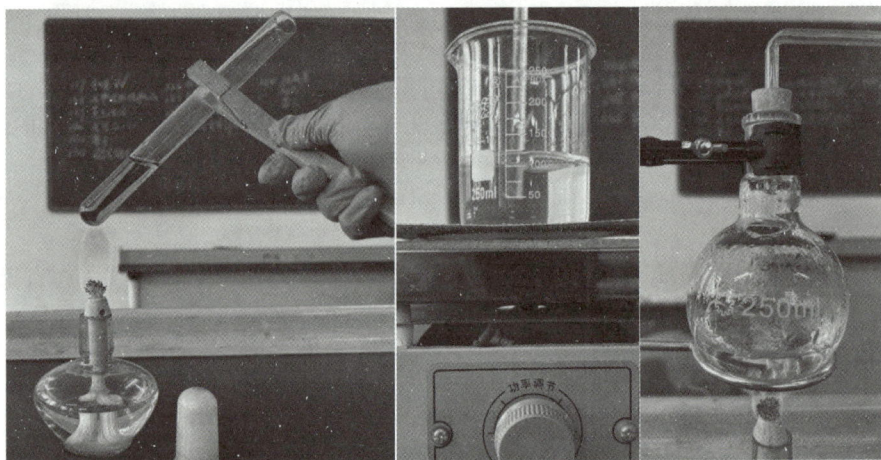

图1-3-8　试管、烧杯、烧瓶加热液体

（5）助沸物一般使用碎瓷片、沸石，且必须在加热前加入；

（6）蒸发浓缩常在蒸发皿中进行，液体量不超过蒸发皿容量的2/3。加热稳定物质时可直接在热源上加热，否则应采用水浴加热，如图1-3-9所示；

图1-3-9　蒸发浓缩

（7）固体物质可在试管、坩埚、马弗炉中直接加热，如图1-3-10所示；

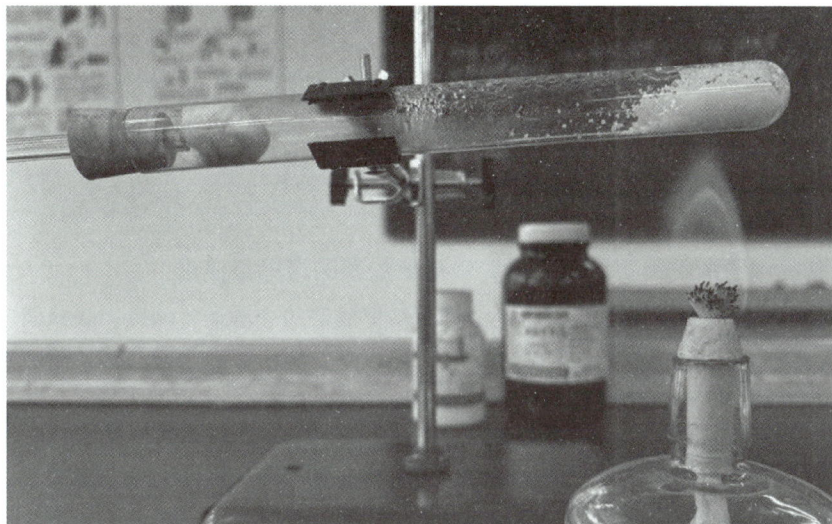

图 1-3-10　试管加热固体

（8）干燥固体可在试管中加热，加热时试管口应向下倾斜，防止凝结水珠倒流使试管炸裂。

4. 塞子的配置

（1）酸性物质常用玻璃塞密封；

（2）碱性物质常使用橡胶塞密封；

（3）部分有机物质易挥发，多用软木塞密封，软木塞不能有裂隙。

5. 试剂存放

（1）见光易分解、易挥发的试剂应盛放在棕色瓶中并避光保存；

（2）对玻璃有腐蚀性的物质（如氢氟酸）需盛放在聚四氟乙烯塑料瓶中。

（三）电器仪器设备通用注意事项

电器仪器设备是利用电能进行各种功能操作的设备。中学实验室常见的电器仪器设备包括电炉、烘箱、分光光度计等。

（1）电器仪器设备的采购应当符合国家安全标准，大功率仪器设备应专线供电，大型仪器设备必须保证接地良好；

（2）仪器设备应安装在通风散热良好的环境位置，确认仪器设备状态完好方可接通电源；在使用前按仪器设备要求进行预热、校准；实验结束后按规范流程关闭仪器设备，并切断电源；

（3）使用加热设备时，必须确保有人在场看管，避免引发火灾；使用结束后应及时断电；

（4）对于高电压、大电流的电器仪器设备，实验室必须设立警示标志，划定警戒区域；实验人员在使用时保持一定的安全距离；

（5）定期对仪器设备、电线、插头、插座、保险丝等进行安全检查，发现异常应立即停用。

学以致用

一、"食品中总酸的测定"所需的实验玻璃仪器的选择与使用

"食品中总酸的测定"运用酸碱滴定法对食醋中醋酸的含量进行测定。酸碱滴定所需的玻璃仪器包括滴定管、锥形瓶、容量瓶、移液管、量筒、烧杯、玻璃棒、胶头滴管、滴瓶等。

反应容器：＿＿＿＿＿＿＿＿＿＿＿＿＿＿＿＿＿＿＿＿＿＿＿＿＿＿＿＿。

贮存容器：＿＿＿＿＿＿＿＿＿＿＿＿＿＿＿＿＿＿＿＿＿＿＿＿＿＿＿＿。

量器类仪器：＿＿＿＿＿＿＿＿＿＿＿＿＿＿＿＿＿＿＿＿＿＿＿＿＿＿。

其他类仪器：＿＿＿＿＿＿＿＿＿＿＿＿＿＿＿＿＿＿＿＿＿＿＿＿＿＿。

二、仪器设备管理员职责

对实验室仪器设备进行管理的工作人员，其工作职责包括执行或组织仪器设备采购、安装、验收、建档、计量、期间核查、点检、维护、维修、报废等。

（一）仪器设备使用记录表（表1-3-1）

表1-3-1　仪器设备使用记录

年　第　页　共　页

仪器设备名称：									唯一性标识：	
日期	使用时间		环境条件		实验项目		仪器设备情况		使用人	备注
	开始	结束	温度（℃）	相对湿度（%）	项目	试样	使用前	使用后		

（二）仪器设备维护保养

仪器设备维护保养指通过擦拭、清扫、润滑、检查、调整等方法对仪器设备进行护理，以维持和保护仪器设备的性能和技术状况。

1.仪器设备维护保养作业指导书

仪器设备维护保养作业指导书内容包括但不限于：

（1）目的；

（2）适用范围；

（3）职责；

（4）使用的工具、试剂和耗材；

（5）维护保养内容概述；

（6）维护保养具体要求和操作步骤；

（7）维护保养周期；

（8）维护保养后验证的要求；

（9）维护保养记录表格。

2. 仪器设备维护保养表

（1）仪器设备维护保养清单（表1-3-2）

表1-3-2　仪器设备维护保养清单

年　第　页　共　页

序号	名称	唯一性标识	型号	环境要求	放置地点	作业指导书名称、文件编号	检定/校准周期	维护保养周期	授权使用人	仪器设备管理员	备注

（2）仪器设备维护保养记录（表1-3-3）

表1-3-3　仪器设备维护保养记录

年　第　页　共　页

仪器设备名称：					唯一性标识：					
日期	环境条件		开机情况		维护类型	维护保养主要内容	关机情况		维护保养人	备注
	温度（℃）	相对湿度（%）	开机时间	仪器设备状况			关机时间	仪器设备状况		

延伸拓展

一、"食品中总酸的测定"板块竞赛内容

全国职业院校技能大赛（中职组）"食品药品检验"赛项分为理论考试、虚拟仿真考试、实操考试三个板块。其中，实操板块包含"食品中总酸的测定""对乙酰氨基酚片的质量分析"两个部分。

"食品中总酸的测定"技能操作竞赛需要参赛选手独立通过滴定分析的手段，对食品样品中的总酸进行测定。参赛选手从氢氧化钠溶液的标定开始，依次进行试液的制备、样品测定，最后对实验数据进行记录、处理，给出食品中的总酸的检验结果与报告。

在实操过程中，涉及诸多玻璃仪器的使用。能否安全、规范、准确地使用玻璃仪器，直接决定了参赛选手是否能按时、高质量完成"食品中总酸的测定"这一技能操作竞赛任务。

二、"食品中总酸的测定"板块评分标准（表1-3-4）

表1-3-4 "食品中总酸的测定"板块评分标准

序号	考核环节	考核内容	评分标准
1	工作现场组织与管理	安全意识；工作场地管理；仪器准备；仪器设备维护；试剂取用；环保节约意识	做好个人安全防护；工作场地规范有序；对仪器进行预处理；正确维护仪器设备；正确取用试剂；做到环保节约
2	实验技能	标准滴定溶液的配制；试液制备；样品测定	正确使用分析天平称量、移液管移液、容量瓶定容；正确进行滴定操作
3	数据记录与处理	数据记录与处理	及时进行原始数据记录；正确修约保留有效数字；正确计算数据
4	检验结果和报告	样品中总酸的含量测定的精密度、准确度；检验报告	相对极差≤0.10%得满分；相对误差≤0.10%得满分；检验报告正确描述HSE，数据记录正确，数据处理过程清晰完整，报告形式完整、描述准确

探究活动

1. 请你找出下图中实验室安全隐患。

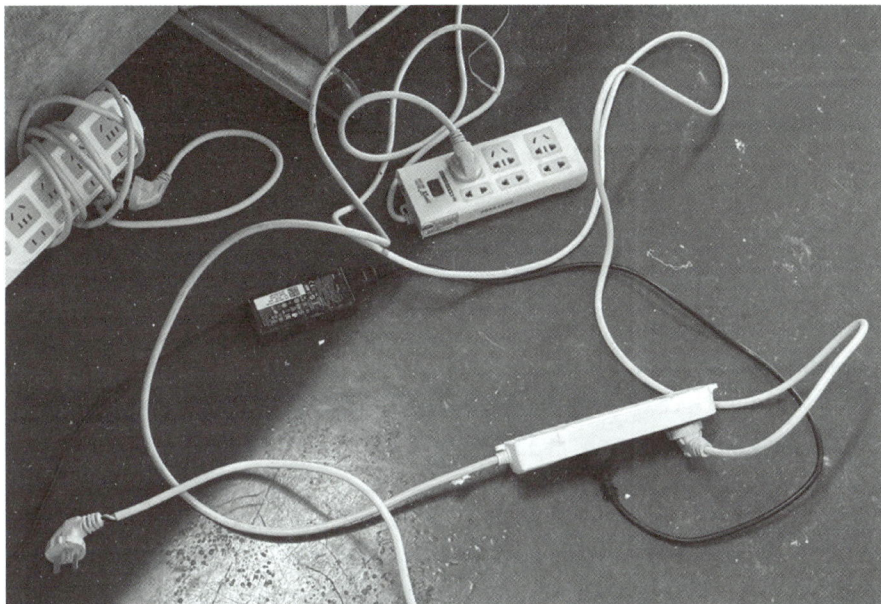

实验室安全隐患为＿＿＿＿＿＿＿＿＿＿＿＿＿＿＿＿＿＿＿＿＿＿＿＿＿＿＿。

实验室安全隐患为＿＿＿＿＿＿＿＿＿＿＿＿＿＿＿＿＿＿＿＿＿＿＿＿＿＿＿。

2. 面对以上安全隐患，你应该如何进行处理？

评价量表

我能分类：实验室的仪器设备（　　　）

我做得很差	我做得较差	我做得一般	我做得较好	我做得很好
1	2	3	4	5

我能说出：不同类别实验室仪器设备的用途（　　　）

我做得很差	我做得较差	我做得一般	我做得较好	我做得很好
1	2	3	4	5

我能选用：符合实验要求的仪器设备（　　　）

我做得很差	我做得较差	我做得一般	我做得较好	我做得很好
1	2	3	4	5

我能说出：实验室仪器设备使用安全注意事项（　　　）

我做得很差	我做得较差	我做得一般	我做得较好	我做得很好
1	2	3	4	5

我能说出：实验室电器仪器设备的使用安全注意事项（　　　）

我做得很差	我做得较差	我做得一般	我做得较好	我做得很好
1	2	3	4	5

我填写过：仪器设备维护保养清单（　　　）

我做得很差	我做得较差	我做得一般	我做得较好	我做得很好
1	2	3	4	5

我认识到：违反操作规程使用仪器设备的安全隐患和危害（　　　）

我做得很差	我做得较差	我做得一般	我做得较好	我做得很好
1	2	3	4	5

我认识到：安全使用实验室仪器设备需要遵循的注意事项（　　　）

我做得很差	我做得较差	我做得一般	我做得较好	我做得很好
1	2	3	4	5

我认为：我主动阅读了技能竞赛案例，并积极参与了课堂活动（　　　）

我做得很差	我做得较差	我做得一般	我做得较好	我做得很好
1	2	3	4	5

任务总结

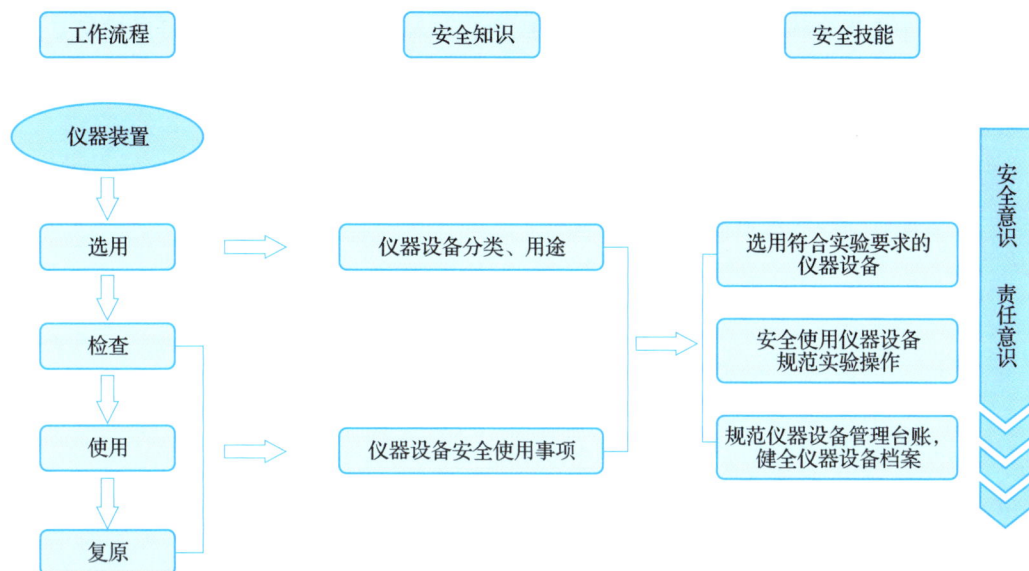

应用练习

1. 选择题

在无机化学实验课之后，张老师请你协助他整理实验室的桌面。本次课的实验内容是探究盐酸的酸性，涉及稀盐酸和锌的反应、稀盐酸和三氧化二铁的反应。

（1）下列仪器可用于吸取和滴加少量液体的是（　　）。

A. 烧杯   B. 试管

C. 集气瓶   D. 胶头滴管

（2）实验室中不能直接在酒精灯火焰上加热的玻璃仪器是（　　）。

A. 烧杯   B. 试管

C. 蒸发皿   D. 量筒

（3）化学实验过程中要规范操作，注意实验安全。下列做法中正确的是（　　）。

A. 用嘴吹灭酒精灯的火焰

B. 加热后的试管立即用水冲洗

C. 实验药液溅进眼睛立即用纸巾擦拭

D. 洒在实验台上的酒精失火立即用湿布覆盖

2.思考题

小明在参加 2023 年全国职业院校技能大赛化学实验技术赛项过程中，将干燥后的乙酸乙酯用漏斗经脱脂棉过滤至干燥的蒸馏烧瓶中，加入磁力搅拌子，搭建好蒸馏装置，加热进行蒸馏。按要求收集乙酸乙酯馏分，记录精制乙酸乙酯的产量。

（1）蒸馏开始时，为什么应先通冷凝水，再进行加热？

（2）蒸馏时，加入沸石的作用是什么？

模块引入

　　化学实验室为同学们提供了一个学习知识技能的场所，因为在实验中往往会使用到有毒、易燃、易爆、易腐蚀等危险化学品，以及各种玻璃器皿和仪器设备，所以化学实验室也可能存在安全隐患，其安全管理就显得十分重要。

　　化学实验室安全将直接影响师生的生命安全与学校的财产安全。不管是环境的不安全因素，还是人为的操作失误所引起的安全事故，都将造成无法挽回的损失。以"清华大学实验室爆炸事件"为例：2015 年 12 月 18 日 10 点左右，一声"闷响"，清华大学化学系何添楼二层的一间实验室发生爆炸火灾事故，造成一名正在做实验的孟姓博士后当场死亡。事故现场实验室的窗户及护栏均已在爆炸中脱落，屋内的墙体被烧得黢黑，墙边还立着一个约一人高的气罐。如图 2-1 所示。

图 2-1　清华大学实验室爆炸事件

分析事故原因发现，直接原因为事发实验室储存的危险化学品叔丁基锂燃烧发生火灾，引起存放在实验室的氢气压力气瓶在火灾中发生爆炸；间接原因为违规存放危险化学品，违规使用易燃、易爆压力气瓶[①]。由此可见，实验室安全管理制度必须严格落实，实验室安全管理必须做到无死角，同时也要求同学们具有深刻的实验室安全管理意识。

安全不仅对于化学实验室来说必不可少，对化工企业更是至关重要。安全既是化工企业发展的基础，也是化工生产的必要条件。当同学们从中学化学实验室走到化工企业时，作为企业的一名员工，是企业生产的最小单元，既承担着创造企业经济效益的直接责任，又承载着企业安全生产的管理责任。因此，对一个化工企业来讲，安全生产是重中之重，如果不重视安全，责任落实不到位，员工安全意识不强，就可能在操作中失误而引发灾害性事故。本模块本着"以人为本，预防为先"的核心安全管理思想，通过分析各类型化工企业的安全事故案例，学习泄漏、中毒、火灾、爆炸等实验室可能出现的安全事故的预防和应急处置，以及实验室废弃物的处理等。

模块目标

1. 知道泄漏、中毒、火灾、爆炸等安全事故的危害。
2. 能做好泄漏、中毒、火灾、爆炸等实验室安全事故的预防措施。
3. 能对泄漏、中毒、火灾、爆炸等实验室安全事故进行应急处理。
4. 能正确处理实验室废弃物。

任务一　化学品灼伤

任务准备

企业案例：事故回顾

2020年1月5日，某生产氢氟酸的化工企业在对设备进行检修作业中，发生一起氢氟酸喷溅安全事故。氢氟酸是氟化氢（HF）的水溶液，浓度较高时具有极强的腐蚀

---

① 西华师范大学实验室与设备管理处. 清华大学实验室爆炸案例 [EB/OL]. （2019–12–23）[2022–10–15]. https://sysbc.cwnu.edu.cn/info/1022/1528.htm.

性，能强烈地腐蚀金属、玻璃、陶瓷等材料，吸入蒸气或者接触皮肤会导致难以治愈的灼伤。

两名检修人员在未确认故障水泵阀门关闭到位的情况下开始维修作业，将故障水泵泵盖撬开时，水泵连接处喷出大量含有氢氟酸的循环水，一名检修人员脸部和另一名检修人员脚部直接与高浓度氢氟酸接触，2人在检修时均未穿戴任何专用防护用品，造成了严重的危险化学品灼伤事故。事后虽然及时采取了应急处理措施并送医，但仍造成1人死亡、1人受伤的后果[①]。如图2-1-1所示事故还原图片。

图 2-1-1　事故还原图片

感知体验

1. 事故直接原因：检修人员未按要求关闭循环水泵阀门，未佩戴劳动防护用品，违章冒险作业，导致大量含有氢氟酸的循环水直接喷射到正在察看的检修人员的脸部和脚部。

2. 事故间接原因：企业主体责任履职不到位，检维修作业制度执行不到位，安全风险识别不到位，安全意识淡薄。

任务概述

化工在国民经济中占有重要地位，是我国的基础产业和支柱产业。化工生产过程比较复杂，需要将多种化学品进行运输、装卸、搬运、储存和反应，以上过程常常会用到管道、储罐、反应釜等化工设备，若这些化工设备操作不当或发生破损，则会导致化学品外溢、溅出，化学品直接接触操作人员从而引起化学品灼伤。为了预防化学品外溢、溅出事故发生，国家市场监督管理总局公布了《危险化学品仓库储存通则》（GB 15603—2022）等一系列强制性国家标准来约束和指导化工生产全过程。

本任务将以企业员工的视角来详细探究接触化学品可能导致的化学品灼伤，讨论化学品灼伤安全事故的危害、化学品灼伤的安全预防措施和化学品灼伤安全事故的应急处理。

---

① 全国能源信息平台. 一次检修，一条命！[EB/OL]. （2020-03-14）[2023-04-23]. https://baijiahao.baidu.com/s?id=1661096950317547665&wfr=spider&for=pc.

任务目标

1. 知道化学品灼伤安全事故的危害。
2. 知道化学品灼伤安全事故预防措施。
3. 能对化学品灼伤安全事故进行应急处理。

知识学习

一、化学品灼伤安全事故的危害

（一）化学品灼伤的定义

化学品灼伤指因接触化学品而导致皮肤或其他组织的损伤。

腐蚀性指一种物质能损坏、侵蚀其他物质的性质。具有腐蚀性的化学品属于危险化学品，常见的腐蚀性物质有酸性、碱性腐蚀性物质和腐蚀性气体，化学品的腐蚀性直接导致化学品灼伤。

化学品灼伤常发生于工业环境、实验室环境和部分生活环境中，引起化学品灼伤最常见的化学品是液体。

（二）化学品灼伤的危害

化学品灼伤会引起人体损伤，主要症状包括皮肤红肿疼痛、水疱、溃疡、烧伤、黑炭样病变等。严重的化学品灼伤还可能导致组织坏死，甚至永久性残疾或死亡。图 2-1-2、图 2-1-3 所示分别为浓硫酸、浓氢氧化钠溶液灼伤模拟演示。

图 2-1-2　浓硫酸灼伤模拟演示

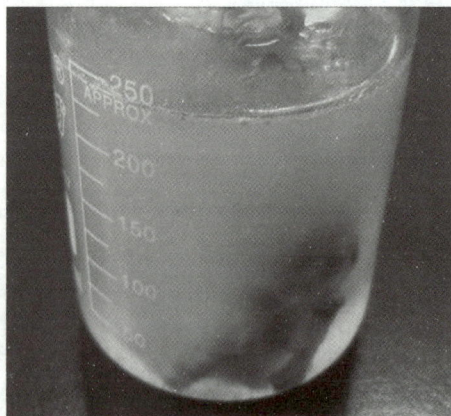

图 2-1-3　浓氢氧化钠溶液灼伤模拟演示

安全小贴士

腐蚀性标志

依据化工行业标准《危险废物识别标志设置技术规范》（HJ 1276—2022），腐蚀性标志上半部分为白底黑图，图案为两支试管中的液体分别滴落到金属板和手上；下半部分为黑底白字，标注"腐蚀性"字样，如图 2-1-4 所示。腐蚀性标志的主要含义是：提示人们所处理的物品具有腐蚀性，在处理过程中必须采取特殊的防护措施。

图 2-1-4　腐蚀性标志

二、化学品灼伤安全事故预防措施

（一）化学品灼伤的原因

引起化学品灼伤的原因往往是具有腐蚀性的危险化学品外溢、溅出，接触皮肤和其他组织后导致其损伤，如图 2-1-5 所示。工业生产中的化学品灼伤往往是由化学品储存、运输和反应设备设施老化、操作不当、检查维护不善等引起的。

图 2-1-5　化学品外溢、溅出

（二）化学品灼伤的分类

1.根据化学品的性质可对化学品灼伤进行以下分类：

（1）酸性灼伤：由强酸性化学品引起，如硫酸、盐酸、硝酸等；

（2）碱性灼伤：由强碱性化学品引起，如烧碱、石灰等；

（3）有机溶剂灼伤：由有机溶剂类化学品引起，如丙酮、苯等；

（4）气体灼伤：由有毒有害气体引起，如氯气、氨气等。气体灼伤可能导致呼吸道和眼睛的灼伤。

2.根据化学品灼伤的程度可对化学品灼伤进行以下分类：

（1）一度灼伤（一度烧伤）：仅涉及皮肤表层的灼伤，一般表现为红肿疼痛、轻微的皮肤脱屑，类似于晒伤，一般不会留下永久性损害。

（2）二度灼伤（二度烧伤）：涉及皮肤表层和一部分真皮层，通常表现为明显红肿疼痛、水疱和可能的溃烂。二度灼伤需要较长时间恢复，一般不会留下永久性损害和瘢痕。

（3）三度灼伤（三度烧伤）：最严重的化学品灼伤情况，涉及皮肤表层、真皮层和皮下组织，通常表现为皮肤坏死、皮肤颜色近焦黑色，可能伴随神经损害而没有剧烈痛感，很可能留下永久性瘢痕，有的甚至需要进行皮肤移植。不同程度的化学品灼伤如图2-1-6所示。

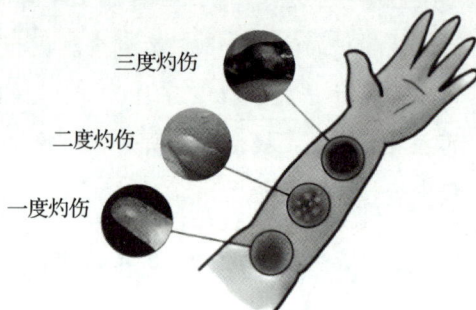

图2-1-6　不同程度的化学品灼伤

（三）化学品灼伤的安全预防措施

1.穿戴个人防护用品

操作人员处理化学品前，必须穿戴适当的个人防护用品，如护目镜、防护面罩、化学防护服、化学防护手套和防护鞋等。防护用品可以保护操作人员免受化学品的侵害。预防化学品灼伤常用个人防护用品组合如图2-1-7所示。

2.确保工作环境安全

操作人员需确保工作环境通风，没有高空跌落风险；操作人员禁止处于储罐、管道、法兰、反应釜等下方。

3.遵循安全操作规程

操作人员处理化学品和进行设备操

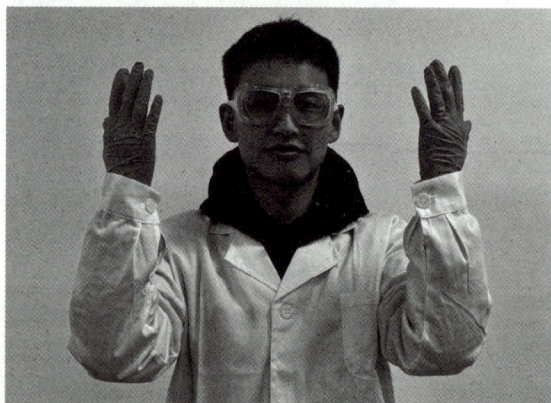

图2-1-7　预防化学品灼伤常用个人防护用品组合

作时，比如化学品的转移、混合、搅拌和处理等，必须保证严格遵循操作规程。

4.保证化学品安全储存

操作人员应将化学品放置于适当的容器中储存，并按照规范进行标记和分类；不同类型的化学品应该分开存放，以避免发生反应。

5.做好检查和设备维护

操作人员应定期检查和维护与化学品相关的设施设备，包括储罐、管道、法兰、反应釜等，以确保其安全运行。

6. 做好个人卫生

操作人员在处理化学品后，须彻底洗净皮肤，特别是双手，以防止化学品残留物对身体的伤害。如果不小心与化学品接触，须立即使用大量清水冲洗。

7. 熟知应急预案

操作人员应对应急预案有着清晰的认知，同时，对于应急预案响应的程序，包括事件报告的渠道、内容和方式，疏散路线与集合地点，以及不同级别响应下自身的任务要求等都牢记于心。

8. 接受安全培训

操作人员应接受岗前安全培训，了解所需要处理的化学品的性质、风险和处理方法，应知道如何应对紧急情况。

🛡 安全小贴士

工作监护人

工作监护人是在特定工作场景（通常是存在一定危险性或需要特定操作规范的作业环境）中，被指定承担监护责任的人员，如图2-1-8所示。例如，在电气设备检修作业、受限空间作业、高处作业等危险作业时，必须有工作监护人在场。其主要职责是对执行工作任务的工作人员进行全程监督和保护，确保作业人员的操作符合安全规定，避免发生安全事故。工作监护人具体工作内容是：

1. 监护操作人员安全防护措施是否完全到位；

2. 监护操作人员工作环境和位置是否安全；

3. 监护操作人员的操作方法、工具使用是否正确；

4. 发生紧急情况时，立刻采取应急措施。

图2-1-8 工作监护人

三、化学品灼伤安全事故应急处理

1. 立刻脱离危险环境，并脱下受污染的衣物

如果化学品发生外溢、溅出，必须立刻远离化学品外泄处，脱离危险环境。如果化学品穿透、浸润了衣物，那么必须谨慎地将受污染的衣物脱下，过程应避免用力拉扯，以免加重伤害。

2. 用清水持续冲洗受伤部位，采取应急处理措施

在脱离危险环境、脱下受污染衣物后，将受伤部位置于流动的清水下冲洗，冲洗的时间一般至少 15 分钟，持续的冲洗有助于去除残留的化学品，从而减少伤害。

以下是常见化学品灼伤的应急处理措施：

（1）酸性灼伤：在用清水冲洗受伤部位后，可在受伤部位涂抹适量小苏打（$NaHCO_3$）溶液中和残留的酸性物质；

（2）碱性灼伤：在用清水冲洗受伤部位后，可在受伤部位涂抹适量硼酸（H_3BO_3）溶液中和残留的碱性物质。

（3）浓硫酸灼伤：应先用干抹布擦除黏附于皮肤表面的浓硫酸，再用大量流动的清水进行冲洗。

（4）化学品飞溅入眼：应立刻寻求其他在场人员的帮助，到最近的洗眼器处进行洗眼。

（5）化学品溅至全身：应立刻寻求其他在场人员的帮助，到最近的淋浴装置处进行全身淋浴。化学品灼伤安全事故应急处理流程如图 2-1-9 所示。

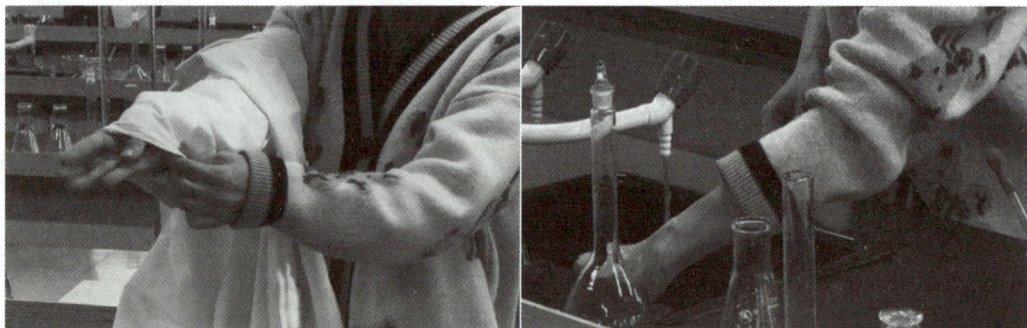

图 2-1-9　化学品灼伤安全事故应急处理流程

3. 寻求医疗帮助，记录事故信息

若化学品灼伤情况较为严重，则必须进行专业的医疗处理，受伤者应当尽快就医。在就医前应详细记录化学品灼伤安全事故发生的相关信息，包括化学品名称、伤害发生的时间地点、采取的应急处理措施等，以上信息将有助于后续的医疗和法律程序的开展。

学以致用

当发生化学品泄漏直接接触眼睛或全身的情况时，必须进行快速处理，立刻前往洗眼器和淋浴装置的位置并进行正确使用。

一、洗眼器的使用

1. 常见洗眼器（图 2-1-10）

图 2-1-10　常见洗眼器

2. 洗眼步骤

（1）打开洗眼器喷嘴，洗眼器向上方喷出水柱；

（2）低头倾斜头部，将眼睛睁开对准水柱，持续冲洗眼部。

二、淋浴装置的使用

1. 常见淋浴装置（图 2-1-11）

洗眼器的
使用

图 2-1-11　常见淋浴装置

淋浴装置的
使用

2. 淋浴步骤

（1）打开淋浴装置开关，形成淋浴区域；

（2）进入淋浴区域，确保全身都处于水流范围之内；

（3）用水流持续冲洗全身，特别是受伤的部位。

💡 延伸拓展

LNG（液化天然气）主要成分是甲烷，公认是地球上最清洁的化石能源，体积约为同量气态天然气的 1/625，但必须储存在约 -160℃ 的超低温储罐内。

LNG 船作为重要的 LNG 储运装置，对储罐制造技术和安全性能要求极高，一旦发生泄漏将会引起爆炸，目前只有极少数国家能建造 LNG 船。该船最核心的部件——耐超低温的殷瓦钢，其薄如纸，厚度只有 0.7 mm。一艘超级 LNG 船要用数百万块各种形状的殷瓦钢板焊接而成，要保证其密闭性和强度等性能，焊接难度极高。

大国工匠、特级技师张冬伟是我国首批掌握 LNG 船最核心殷瓦钢焊接技术的 16 名工人中的一员。张冬伟在 17 年工作期间参与建造了 18 艘 LNG 船，就像在钢板上"绣花"，每一"针"都要细密稳妥。这些年，"张冬伟们"不断摸索改良制造工艺，不断走向"中国智造"，从零到有、从有到优，用更安全的储运容器守护着祖国的万家灯火，守护着化工从业人员的安全[①]。图 2-1-12 所示为大国工匠张冬伟检查 LNG 储罐焊缝。

图 2-1-12　大国工匠张冬伟检查 LNG 储罐焊缝

（图片源自央视网《大国工匠》第二集 大术无极）

---

① 姚怡梦. 大国工匠之制造业篇! 锻造匠心，淬炼时光! 他们用"中国制造"来"制造中国" [EB/OL]. （2022-08-30）[2023-04-23]. https://www.workercn.cn/c/2022-08-30/7149566.shtml.

评价量表

我能说出：化学品灼伤安全事故的危害（　　）

我做得很差	我做得较差	我做得一般	我做得较好	我做得很好
1	2	3	4	5

我能说出：化学品灼伤的分类（　　）

我做得很差	我做得较差	我做得一般	我做得较好	我做得很好
1	2	3	4	5

我能说出：化学品灼伤安全事故应急处理流程（　　）

我做得很差	我做得较差	我做得一般	我做得较好	我做得很好
1	2	3	4	5

我能理解：化学品灼伤的安全预防措施（　　）

我做得很差	我做得较差	我做得一般	我做得较好	我做得很好
1	2	3	4	5

我能完成：洗眼器的正确使用（　　）

我做得很差	我做得较差	我做得一般	我做得较好	我做得很好
1	2	3	4	5

我能完成：淋浴装置的正确使用（　　）

我做得很差	我做得较差	我做得一般	我做得较好	我做得很好
1	2	3	4	5

我认识到：化工在国民经济中的重要作用（　　）

我做得很差	我做得较差	我做得一般	我做得较好	我做得很好
1	2	3	4	5

我了解了：国家标准对规范行业的作用（　　）

我做得很差	我做得较差	我做得一般	我做得较好	我做得很好
1	2	3	4	5

我认为：我主动阅读了案例，并积极参与了课堂活动（　　）

我做得很差	我做得较差	我做得一般	我做得较好	我做得很好
1	2	3	4	5

任务总结

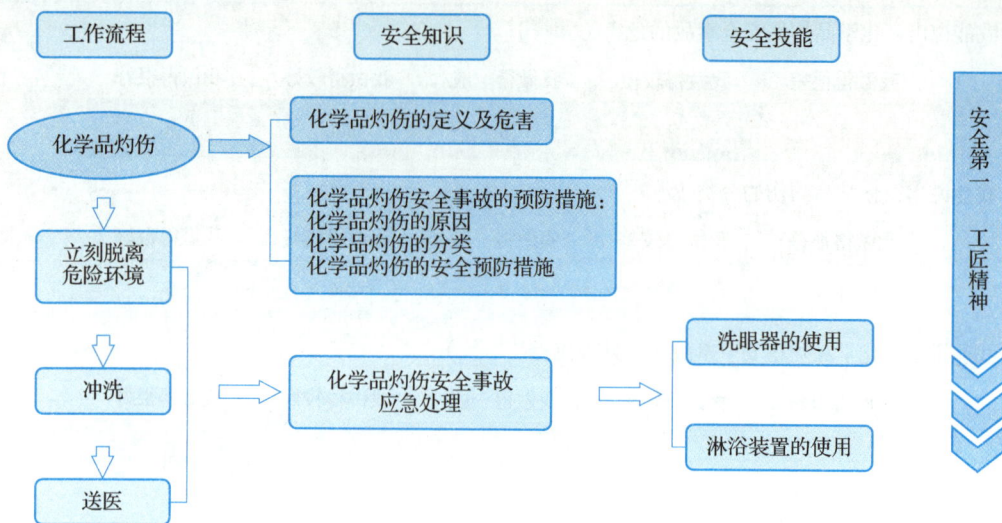

应用练习

在经过了化学品灼伤的"岗前安全培训"后，需要进行安全知识测试，在通过测试后才能正式"上岗操作"。

1. 化学品灼伤最容易损伤的部位是（　　　　）。

A. 眼睛　　　　　　B. 呼吸道　　　　　　C. 皮肤　　　　　　D. 口鼻

2. 最轻微的化学品灼伤现象为（　　　　）。

A. 红肿疼痛　　　　B. 起水疱　　　　　　C. 出现溃疡　　　　D. 组织坏死

3.（多选题）预防化学品灼伤的措施有（　　　）。

A. 配备个人防护用品　　　　　　　　　B. 遵循安全操作规程

C. 做好个人卫生　　　　　　　　　　　D. 接受安全培训

4.（多选题）在接触（　　　）后应用大量清水冲洗，并涂抹适量硼酸溶液处理。

A. 烧碱　　　　　　B. 石灰　　　　　　　C. 醋酸　　　　　　D. 甲苯

5. 若化学品飞溅入眼，应该进行的应急处理措施是：

_____。

6. 思考：作为操作工，在检查、维修工厂内运输化学品的管道时，应该如何预防管道泄漏导致的化学品灼伤？

_____

_____

任务二　化学品泄漏与中毒

任务准备

企业案例：事故回顾

印度博帕尔毒气泄漏事件是人类历史上最严重的工业化学事故。1984年12月3日凌晨，位于印度博帕尔市贫民区附近的美国联合碳化物有限公司的一所农药厂发生了MIC泄漏，导致2.5万人直接死亡、55万人间接死亡，20多万人永久残废，酿成了一幕血淋淋的人间惨剧，如图2-2-1所示。现在，当地居民的患癌率及儿童夭折率仍然因这场灾难而远高于其他城市。[①]

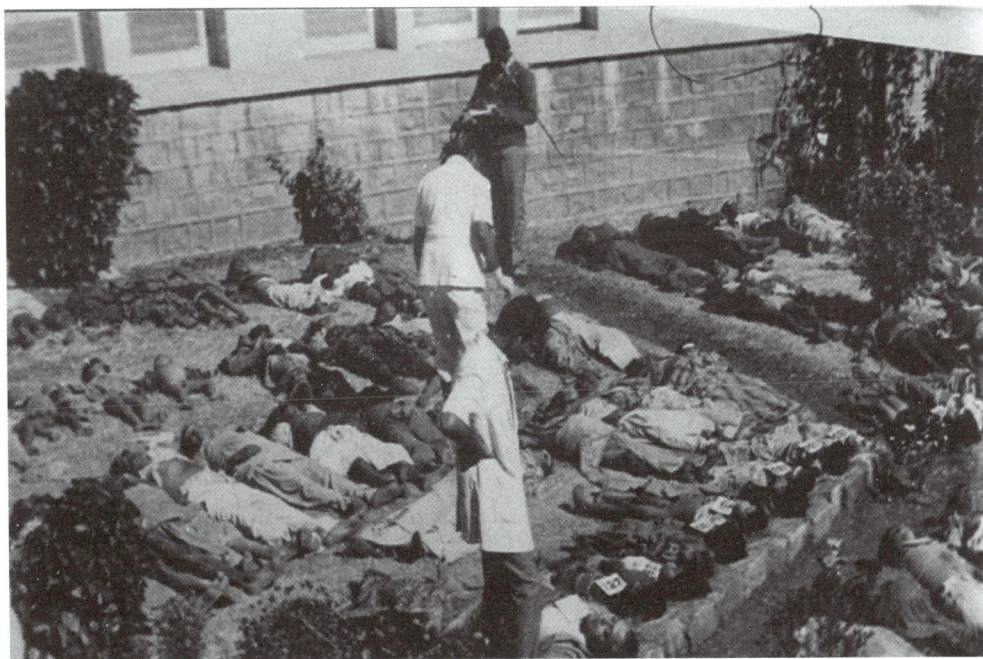

图2-2-1　印度博帕尔市氰化物泄漏爆炸事故

---

① 澎湃新闻．"我没想再当个人"：印度博帕尔毒气泄漏事件30周年[EB/OL]．（2014-12-03）[2023-04-18]．https://www.thepaper.cn/newsDetail_forward_1282701.

感知体验

1. 事故直接原因：发生了 MIC（甲基异氰酸酯）泄漏。甲基异氰酸酯，简称 MIC，是一种无色、有刺激性气味、易挥发的剧毒液体，人体吸入其挥发在空气中的蒸气或皮肤直接接触，都会对人体造成严重的危害。

2. 事故间接原因：跨国公司执行"双标"，当地政府执法不严；工厂为降低生产成本而牺牲安全防护；工厂培训不达标，工人缺乏安全意识。

任务概述

在"绿水青山就是金山银山"理念的引领下，我们坚持"统筹发展和安全"、坚持"全面生态发展"、坚持"永续发展之路"。

随着石油和化学工业的快速发展，我国已经成为世界上生产和使用化学品的大国，而化学品一般都具有较强的毒性及腐蚀性，一旦发生泄漏不但会对环境造成严重影响，如污染空气、水源和土壤等，还会导致人体中毒甚至出现危及生命的安全问题。因此，化学品安全风险防控对于防范化解重大风险来讲十分重要。

本任务主要介绍化学品泄漏与中毒的危害、预防措施和应急处理。

任务目标

1. 知道化学品发生泄漏、中毒安全事故的危害。
2. 能做好实验室化学品泄漏、中毒的安全预防措施。
3. 能对实验室化学品出现的泄漏、中毒安全事故进行正确处理。

知识学习

一、化学品泄漏、中毒安全事故的危害

（一）泄漏事故的危害

泄漏事故突发性强，一般是瞬间发生的。事故发生后，有毒物质以多种形式向水源、地表、物体和空气（尤其是下风方向）扩散，造成大面积的污染。一旦形成污染，将使生态环境受到破坏，严重威胁人民群众的生命安全，影响社会稳定。

（二）中毒事故的危害

化学品分为一般化学品和危险化学品，发生泄漏引起中毒的化学品一般为危险化学

品，常见的有气体、有机溶剂及有机磷农药等。

刺激性气体如氯气、氨气，有机溶剂蒸气如酮类、脂类极易通过呼吸道进入人体，对眼睛及呼吸道黏膜造成刺激，引起眼结膜及上呼吸道炎症、肺炎和化学性肺水肿，其中肺水肿是最严重的危害。图 2-2-2 所示为氯气泄漏事故。

图 2-2-2　氯气泄漏事故[①]

窒息性气体如硫化氢、一氧化碳等吸入后使组织细胞缺氧导致脑水肿、缺氧性心肌损害。

人体吸入有机磷农药、苯及苯胺等有机溶剂后会对神经精神造成损害，轻者头痛、眩晕，重者出现幻觉、精神异常、脑神经损害、昏迷。

二、化学品泄漏、中毒安全预防措施

（一）泄漏、中毒的主要原因

造成化学品泄漏的主要原因有环境因素（如自然灾害、气候变化等）、设备故障（如设备老化、管道破裂、容器爆炸等）、人为因素（如人为破坏、偷窃等）、运输过程中发生交通运输事故（如超限超载、混装混运、违章驾驶等）、操作不当（如操作人员技能不足、违规操作使用、违规存放等）。然而，化学品泄漏是导致化学品中毒的主要原因。图 2-2-3 所示为美国俄亥俄州列车脱轨导致有毒化学品泄漏。

[①]　新京报. 广西柳州一村庄疑似氯气泄漏，官方：五人中毒，生命体征平稳 [EB/OL].（2023-02-20）[2023-08-14]. https://news.sina.com.cn/o/2023-02-20-doc-imyhiumr8522801.shtml.

图 2-2-3　美国俄亥俄州列车脱轨导致有毒化学品泄漏①

（二）泄漏、中毒的类型

1. 泄漏的类型

依据物质状态，化学品泄漏分为气体泄漏、液体泄漏和固体泄漏三类。

2. 中毒的类型

依据中毒发生的时间和过程，化学品中毒可分为急性中毒和慢性中毒，如图 2-2-4、图 2-2-5 所示。急性中毒通常是在一次接触或短时间内（几分钟到数小时）多次接触高浓度毒物后，迅速出现中毒症状；慢性中毒是指长时间（数月、数年甚至更长时间）反复接触较低浓度的有毒化学品，毒物在体内逐渐蓄积，经过一段时间后才出现中毒症状。

图 2-2-4　动物急性中毒死亡

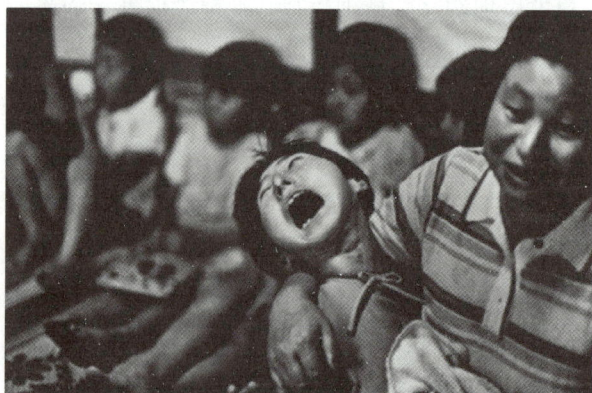

图 2-2-5　慢性汞中毒的水俣病患者②

---

① 澎湃新闻. 美俄亥俄州火车脱轨：有毒化学品氯乙烯泄漏，大量动物死亡 [EB/OL].（2023-02-14）[2023-06-22]. https://www.thepaper.cn/newsDetail_forward_21917906.

② 国家人文历史. 日本水俣病事件："公害病"的悲歌仍未结束……[EB/OL].（2023-09-01）[2023-06-23]. https://user.guancha.cn/main/content?id=1076943.

（三）泄漏、中毒的安全预防措施

预防化学品泄漏、中毒，实验室安全管理至关重要。要加强实验人员安全教育和培训，严格执行实验室 7S 管理制度，做到实验前进行安全检查，实验中遵守安全规定，实验后进行安全复查。

1. 实验前的安全检查

（1）化学品的正确存放：

①化学品应存储在专用试剂柜，试剂柜放置在通风阴凉处，避免被阳光直射；

②所有试剂存储时应标签清晰、瓶外干净整洁、无溢流和污渍、瓶盖严实；

③固体试剂原则上单独存放，重（大）瓶放下层，轻（小）瓶放上层；

④液体试剂原则上同种试剂放置在防渗漏的二次容器托盘内。实验室化学品规范存放如图 2-2-6 所示。

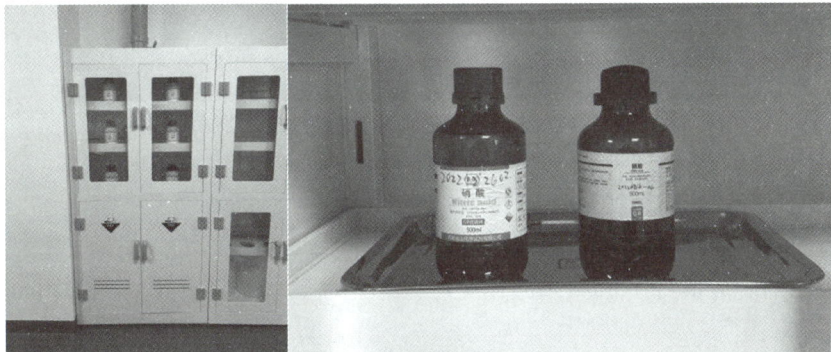

图 2-2-6　实验室化学品规范存放

（2）定期对实验室设备、管线、电源、水源、气源等进行检查和维护，填写安全检查记录表，发现隐患及时报告。

（3）化学品库房设置通风设施；实验室配备通风橱、排气扇、万向通风罩等通风设备。图 2-2-7 所示为通风橱与万向通风罩。

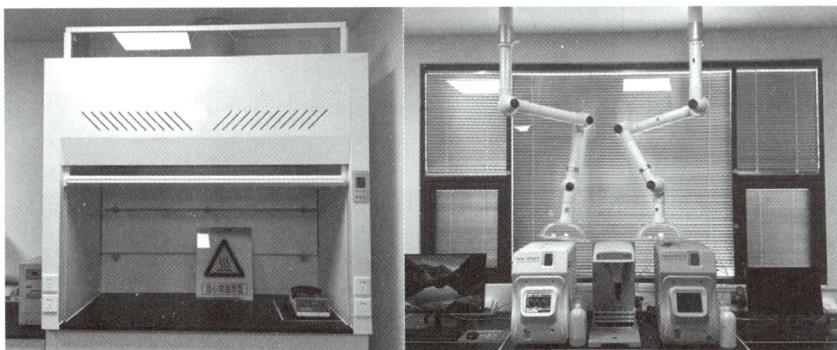

图 2-2-7　通风橱与万向通风罩

（4）实验室重点位置安装监控摄像头，防止人为破坏和偷窃行为；工作区域安装气体检测报警器，实时监测可燃气、有毒有害气体的浓度，预防危险化学品泄漏。

2. 实验中的安全规定

（1）正确使用个人防护装备，必要时预先穿戴防毒面具，如图2-2-8所示；

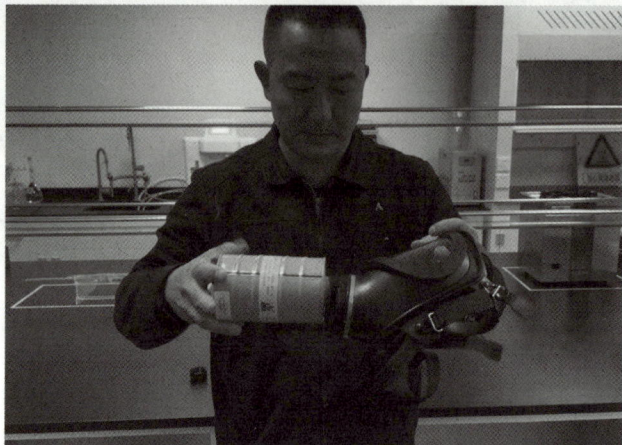

图 2-2-8　必要时预先穿戴防毒面具

（2）严格按照操作规程进行操作，不得违规操作。

3. 实验后的安全复查

（1）实验结束后清理未使用完的化学品（如试剂瓶放回试剂柜、未使用完的金属 Na 放回试剂瓶等）；

（2）熄灭火源，关闭实验室的电源、水源等；

（3）个人防护用品按要求放置归位，及时洗手，以避免有毒有害物质从消化道和皮肤进入人体。

三、化学品泄漏、中毒安全事故应急处理

（一）泄漏的应急处理

1. 学校实验室化学品泄漏的应急处理

学校实验室化学品大部分为一般化学品，发生泄漏时通常量不大，危害性较小，可以按照以下步骤进行处理：

（1）报告：在实验室，一旦发现有化学品泄漏或闻到有异味，立即向实验室老师报告，并向同室人员示警；

（2）做好个人防护：用衣物或毛巾捂住口鼻；

（3）切断火源、电源：立即切断实验室火源，从总闸切断实验室电源；

（4）疏散与隔离：实验室所有人员立即有序疏散到安全区域，用警戒线隔离危险区域；

（5）泄漏物的控制与处置：做好个人防护后立即到达现场切断泄漏源，然后对泄漏物进行初步处置或收集，再交由专业处置机构进行处置。

安全小贴士

气体泄漏物的控制与处置：迅速打开门窗通风，用喷雾水枪喷洒雾状水使之液化后处理。

液体泄漏物的控制与处置：如果泄漏量少，可用毛巾或抹布擦拭后，将液体拧到大的容器中，然后倒入带塞的玻璃瓶；如果泄漏量较大，用沙土或泡沫吸附液体，吸附后收集于大的容器中处理。

固体泄漏物的控制与处置：用扫帚将泄漏物扫入撮箕，再倒入专用容器中处理，最后用水冲洗被污染的地面、撮箕和扫帚。

实验室化学品泄漏常见控制与处置方法如图 2-2-9 所示。

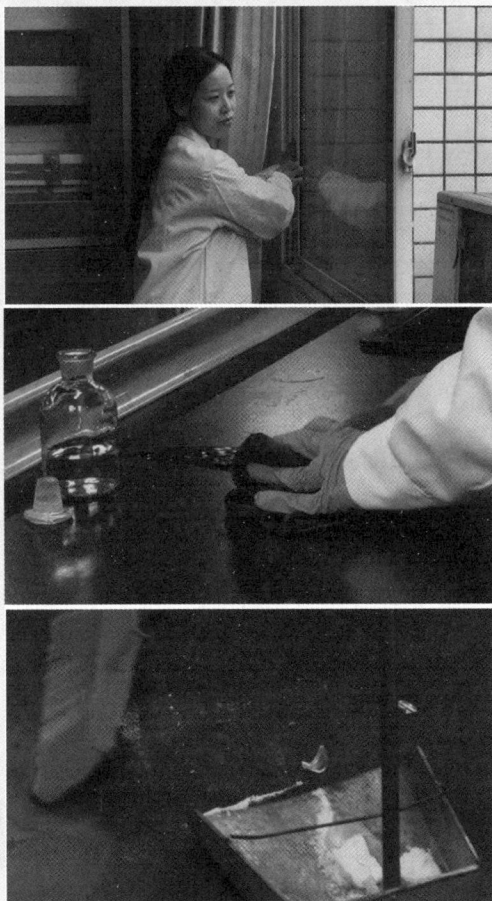

图 2-2-9　实验室化学品泄漏常见控制与处置方法

2. 企业化学品泄漏的应急处理

化学品分为一般化学品和危险化学品，对于一般化学品泄漏，企业与学校实验室的处理流程类似。然而，一旦发现危险化学品泄漏，企业现场人员则须按以下步骤处理：

（1）发现者根据现场情况，立即报告，并迅速做好个人防护后控制危险源；

（2）现场应有组织地抢救遇险人员；

（3）根据危险化学品的危害程度，在岗人员做好相关应急措施后迅速撤离现场；

（4）通知受影响的单位和个人做好防护和隔离工作，预防事态的扩大化和次生灾害的发生。

3. 泄漏应急处理的注意事项

（1）进入泄漏现场，必须配备必要的个人防护用品。处理有毒危险化学品泄漏时必须佩戴防毒用品，常用的防毒用品有防毒面具和空气呼吸器等。

（2）参与处理者至少要有 2 人共同行动，严禁单独行动，避免不能互救，但也不能多人围观现场，造成泄漏物周围通风不畅。有毒化学品泄漏应急救援演练如图 2-2-10 所示。

图 2-2-10　有毒化学品泄漏应急救援演练

（二）中毒的应急处理

一旦发生中毒事故，尤其出现严重中毒事故，应及时通过各种方式向外界寻求援助，如拨打急救电话 120、119 等。在专业救护人员到来之前，应根据伤情采取应急处理措施，恰当的应急处理方法可以防止伤情恶化，甚至挽救生命。

现场出现中毒昏迷，应急处理如下：

（1）抢救人员做好自身防护；

（2）将昏迷的中毒人员置于侧卧位，用担架将其转移到安全通风地带，远离现场；

（3）解开中毒人员身上妨碍呼吸的衣物，保持其呼吸通畅并注意保暖；若中毒人员呼吸困难，要及时给氧；若中毒者呼吸、心搏骤停，应立即进行心肺复苏；

（4）将中毒人员送往医院或等待医务救援人员赶到。

学以致用

一、正确使用通风橱（柜）

通风橱（柜）是局部排风的设备，能有效降低实验室有毒有害气体、烟雾等吸入风险。使用挥发性有机溶剂及强酸强碱性、高腐蚀性、有毒的危险化学品时要在通风橱（柜）下进行操作。

（一）通风橱（柜）的使用步骤

1. 开机、检查：开启排风，检查电源、给排水、照明等是否正常；

2. 置：放置需要处理的药品；

3. 拉：拉下玻璃活动挡板至适当位置；

4. 做：在通风橱（柜）工作面进行操作；

5. 关：通风橱（柜）使用完毕后，将管道内有毒气体和残余废气全部排出后关机；

6. 洗：洗手。

开 ⇨ 查 ⇨ 置 ⇨ 拉 ⇨ 做 ⇨ 关 ⇨ 洗

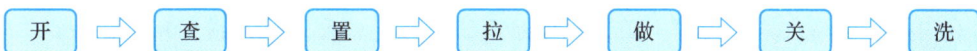

（二）使用注意事项

通风橱除放置必要物品和仪器外，不能堆放杂物，不能作为易挥发物、易腐蚀性试剂的储备场所。

通风橱的使用

二、正确穿戴过滤式防毒面具

（一）过滤式防毒面具穿戴步骤

1. 开：打开滤毒药罐底部胶塞；

2. 查：查看面具有无缺陷，滤毒药罐、滤毒盒、滤棉是否在保质期内，且干净无污染；

3. 定：将面具盖住口鼻，固定在面部；

4. 拉：将头带框套拉至头颈，下面的头带拉向颈后，扣住；

5. 调：调整头带松紧，使面具与面部密合性良好，保证无空气从面部和面具之间流入。

开 ⇨ 查 ⇨ 定 ⇨ 拉 ⇨ 调

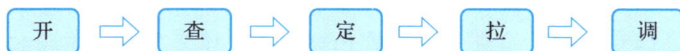

（二）穿戴注意事项

1. 过滤式防毒面具只能专防专用，要防止错用；

2. 穿戴过滤式防毒面具要确保面具与面部贴合完好（无缝隙），不能将面部暴露在危险中。

防毒面具的使用

三、折叠担架的使用

（一）折叠单架的使用步骤

1. 展：完全展开折叠担架面、折叠的脚轮和支腿；

2. 按：按下脚轮和担架的定位按钮；

3. 拉：将脚轮和支腿向外拉出，与担架面成90°垂直；

4. 系：伤员躺上担架并系好保险带；

5. 折叠时按上述步骤相反顺序进行。

展 ⇨ 按 ⇨ 拉 ⇨ 系

（二）使用注意事项

1. 担架展开后，应确保脚轮或支腿上的定位按钮弹出，并插入定位槽；

2. 担架面有破损或脱线等现象及时更换；

3. 皮肤不能直接接触担架面。

延伸拓展

"典型化学品泄漏污染防控关键技术与应用"荣获2021技术进步奖一等奖

我国是化学品生产和使用大国，化学品事故频发造成重大财产损失和人员伤亡，对社会和国防安全构成严重威胁。中国人民解放军环境工程设计与研究中心对"典型化学品泄漏污染防控关键技术与应用"项目进行了研究。

项目以多发典型的无机酸、有机液体、毒性气体及军用火箭燃料等四大类50余种化学品泄漏事故为研究对象，创建了绿色洗消、污染无害化、实战实训技术与装备体系。项目成果在化学品事故应急救援基地、石油石化企业及海军、空军、火箭军、航空航天等7大军工系统共50余个单位推广应用，2家合作企业相关产品近三年直接销售收入约3.74亿元，对提高我国化学品事故处置能力和水平、促进环境安全与科技进步发挥了重要作用，具有重大的军事、社会、环境和经济效益[①]。

探究活动

如图2-2-11所示，"围炉煮茶"是人们冬季喜爱的一种休闲生活，但因为"围炉煮茶"已造成多地多起意外伤亡事件——一氧化碳中毒。请用学到的危险化学品泄漏与中毒的相关知识，以小组为单位，深入社区，开展一次以"安全伴我行"为主题的科普知识宣传活动，提升居民对有毒有害气体的安全防范意识，帮助居民度过一个温暖安全的冬天。

---

① 中国环保产业协会. 中国环境产业协会关于授予31个项目2021年度环境技术进步奖的决定 [EB/OL].（2022-01-18）[2023-07-02]. http://www.envirunion.com/newsinfo-32734.html.

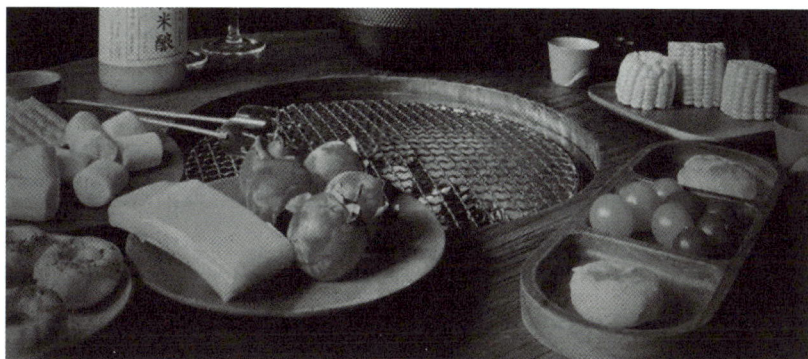

图 2-2-11　围炉煮茶

评价量表

我能说出：化学品泄漏、中毒的危害（　　　）

我做得很差	我做得较差	我做得一般	我做得较好	我做得很好
1	2	3	4	5

我能说出：化学品泄漏、中毒的安全预防措施（　　　）

我做得很差	我做得较差	我做得一般	我做得较好	我做得很好
1	2	3	4	5

我知道：化学品泄漏、中毒的处理方法（　　　）

我做得很差	我做得较差	我做得一般	我做得较好	我做得很好
1	2	3	4	5

我能正确使用通风橱（柜）（　　　）

我做得很差	我做得较差	我做得一般	我做得较好	我做得很好
1	2	3	4	5

我能正确穿戴防毒面具（　　　）

我做得很差	我做得较差	我做得一般	我做得较好	我做得很好
1	2	3	4	5

我能正确使用担架抢救受伤人员（　　　）

我做得很差	我做得较差	我做得一般	我做得较好	我做得很好
1	2	3	4	5

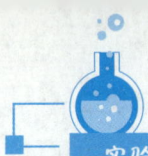

续表

我知道：树立安全意识、环保意识很重要（　　　）

我做得很差	我做得较差	我做得一般	我做得较好	我做得很好
1	2	3	4	5

我认识到：科技进步与安全环保紧密相连（　　　）

我做得很差	我做得较差	我做得一般	我做得较好	我做得很好
1	2	3	4	5

我认为：自己运用所学的知识，积极参加社区安全宣传活动（　　　）

我做得很差	我做得较差	我做得一般	我做得较好	我做得很好
1	2	3	4	5

任务总结

工作流程	安全知识	安全技能

化学品泄漏与中毒 → 泄漏与中毒的危害

预防措施 → 实验前的安全检查 实验中的安全规定 实验后的安全复查 → 正确使用通风橱（柜）

报告

做好防护 → 泄漏、中毒的应急处理 → 正确穿戴防毒面具 正确使用折叠担架

救援疏散

送医

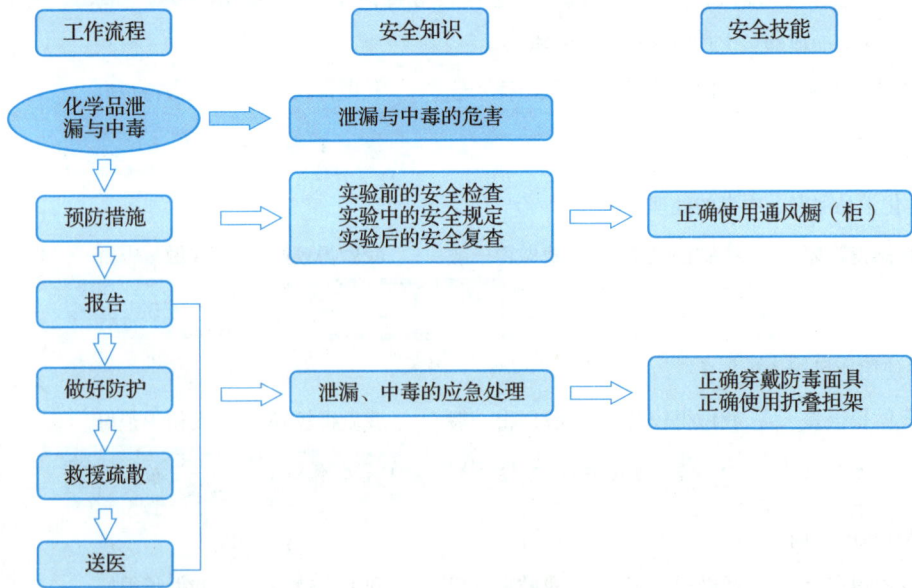

规范严谨 卫生安全

应用练习

1. 硫化氢气体是易溶于水的剧毒气体。某企业在清理污泥池及调节池时，池内的硫化氢气体大量外涌，导致某员工当场倒地昏迷……为了避免类似事故再次发生，该企业开展硫化氢气体泄漏应急演练。

请结合所学知识，回答以下问题：

（1）本次应急演练的事故属于（　　　）泄漏类型。

A. 气体　　　　　　　B. 液体　　　　　　　C. 固体　　　　　　　D. 人为

（2）以下处理方法不正确的是（　　　）。

A. 在危险区周围设置安全警戒线

B. 切断附近火源

C. 可用喷雾状水稀释、溶解空气中散布的气体

D. 做好个人防护后，可以独自一人进入污染区抢救伤员

（3）以下预防硫化氢气体泄漏中毒的做法不正确的是（　　　）。

A. 穿戴过滤式防毒面具

B. 携带便携式硫化氢检测报警仪

C. 有监护人员陪同

D. 作业中感觉呼吸困难，可以摘下防毒面具透透气

2. 2014 年，国家将每年的 6 月 16 日定为安全生产咨询日，该日是全国"安全生产月"活动的一项重要内容，旨在通过集中宣传和咨询活动，提高全民安全意识和应急处置能力。活动现场进行了燃气安全主题的情景剧表演，假如你遇到家中燃气泄漏事件应如何处理？

🔖 安全小贴士

2023 年 6 月是第 22 个全国安全生产月。本次安全生产月以"人人讲安全、个个会应急"为主题开展了一系列丰富多彩的活动。例如，在陕西西安，演员扮演的唐朝官员"房玄龄"和"杜如晦"，化身为安全考官，以安全问答形式与现场群众进行互动，传播安全生产知识，增强群众防范意识：

"请问先生，在厨房闻到浓烈的煤气或天然气异味，应该怎么办？"

"应该打开门窗并关掉气阀。"

"哦，先生大才。再问一道……"

"房杜"安全问答是各地多彩活动的一个缩影。一个月来，全国各地各有关部门按照国务院安委会办公室、应急管理部统一部署，紧扣"人人讲安全、个个会应急"主题，结合实际开展了一系列形式多样、内容丰富的特色活动，引导全社会进一步树牢安全底线意识，夯实全社会安全生产根基[①]。

---

① 新华社. 人人讲安全、个个会应急——2023 年全国"安全生产月"活动综述 [EB/OL].（2023-06-30）[2023-07-05]. https://www.mem.gov.cn/xw/mtxx/202306/t20230630_454886.shtml.

任务三　电器与机械伤害

任务准备

企业案例：事故回顾

事故一：2016年1月10日上午11点35分左右，北京某大学科技大厦10层实验室1011房间内冰箱发生燃烧并被及时扑灭，如图2-3-1所示。据公安消防部门初步调查，燃烧是冰箱电线短路引发自燃造成的，过火面积约2平方米，现场无人员伤亡及其他财产损失[①]。

图2-3-1　北京某大学科技大厦起火事故

事故二：2021年8月，山东某企业一工人进入停车检修的大型鼓风机内部进行叶轮维修，外面的工人在不知情的情况下启动风机电源，导致检修人员当场死亡。

感知体验

1.事故一直接原因：冰箱电线短路引发自燃。

间接原因：实验室负责人员未及时排查、更换老化电器。

2.事故二直接原因：检修作业时未按要求进行上锁挂牌，违反操作规程。

间接原因：工人安全意识淡薄。

---

① 北京晚报. 北京化工大学一实验室冰箱自燃起火 [EB/OL].（2016-01-11）[2023-05-22]. https://news.cnr.cn/native/gd/20160111/t20160111_521104263.shtml.

任务概述

　　人们日常生活离不开电，企业生产也离不开电。根据国网四川省电力公司统计数据，2021 年四川省全社会用电量为 3 274.81 亿千瓦时，其中工业用电占全社会用电量的 64%。用电安全生产是企业稳定发展和人身安全的重要保障，企业要以"时时放心不下"的责任感统筹发展和安全生产，把"电老虎"装进"安全"的笼子。本任务主要介绍电器与机械伤害的相关知识。

任务目标

1. 知道实验室电器设备潜在的危险隐患。
2. 能做好电器设备危险隐患的安全预防。
3. 能对实验室常见的伤害事故进行正确的处理。

知识学习

一、实验室电器设备的分类

实验室电器设备分为电热设备和电动设备两类。

　　1. 电热设备也叫电加热设备，是通过内部的电热丝发热实现加热，将电能转化为热能的设备，加热温度可达 800℃ 以上，部分高温设备可达 1 000℃ 以上。常见的电热与制冷设备如图 2-3-2 所示。

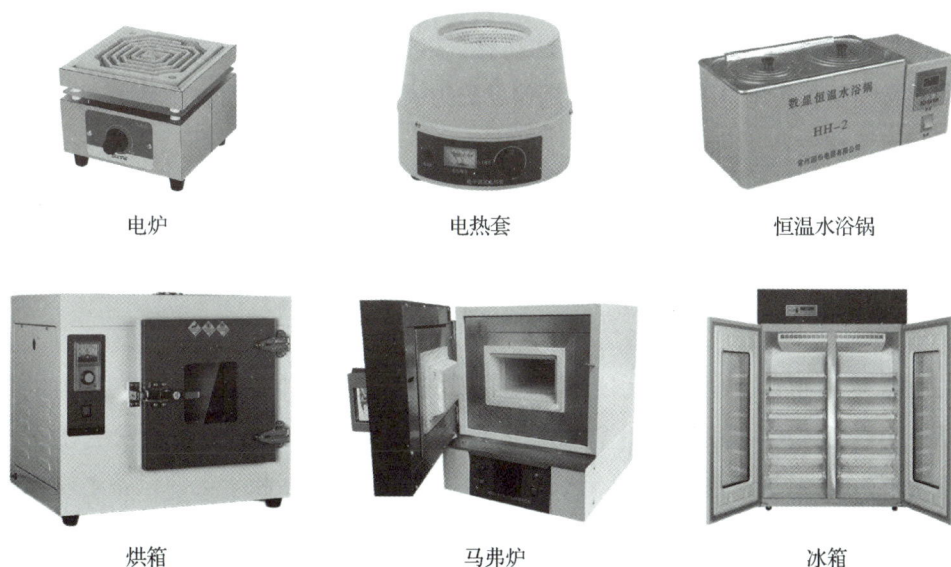

电炉　　　　　　　　　　电热套　　　　　　　　　　恒温水浴锅

烘箱　　　　　　　　　　马弗炉　　　　　　　　　　冰箱

图 2-3-2　常见的电热与制冷设备

2.电动设备是利用电动机将电能转化为动能的设备，具有自起动、加速、制动、反转等能力，能满足各种运行的要求。常见的电动设备如图2-3-3所示。

| 电动搅拌器 | 固体样品粉粹机 | 离心机 |

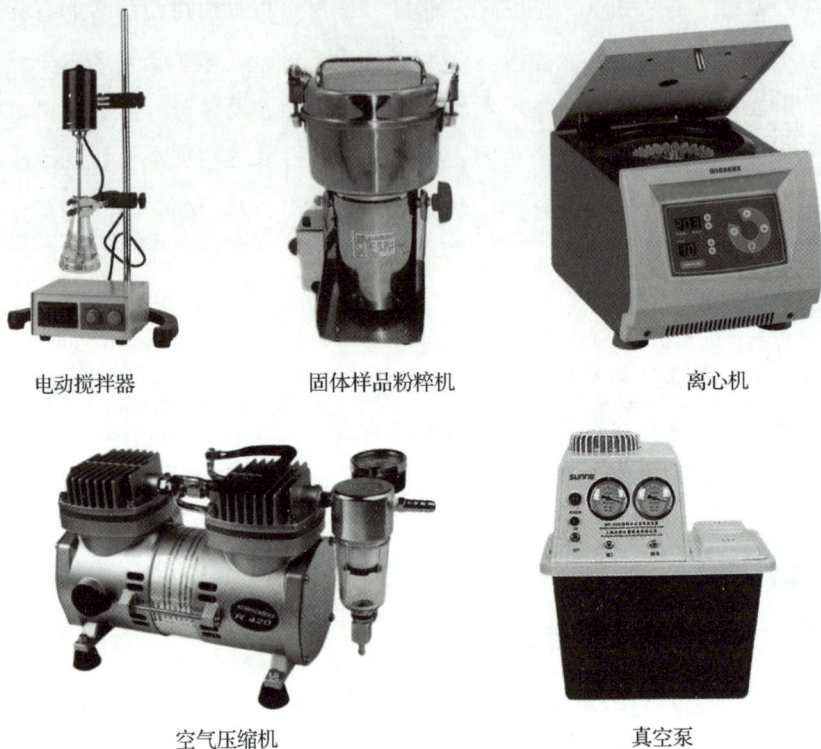

| 空气压缩机 | 真空泵 |

图 2-3-3　常见的电动设备

二、实验室电器设备潜在的危险隐患

1.烫伤（烧伤）：实验室电热设备的高温（如热液或蒸气等）直接作用于人体组织所造成的伤害叫做烫伤（烧伤）。烫伤（烧伤）分为一度、二度（浅二度和深二度）、三度三个级别，面积较大时有生命危险。

2.触电（电击伤）：指人体直接触及电源或高压电流通过人体引起组织损伤和功能障碍，对体内组织器官、神经系统造成伤害，重者发生呼吸和心搏骤停，危及生命。电线破损，火线外露、湿手操作带电设备等都有可能导致触电。触电事故是对人体最直接的伤害事故。

3.电器火灾和爆炸：由电器引燃源引起的火灾和爆炸。引发电器火灾和爆炸的主要因素包括：线路老化及实验室高温、潮湿、腐蚀环境，致使绝缘遭到破坏而发生短路；乱拉乱接电源线；电器设备长期处于运行或待机状态；插座、接线板等电源设备不规范使用；违章使用大功率电器等。

4.机械伤害：电动设备运动和静止部件、工具等直接与人体接触引起的夹击、碰撞、剪切、卷入、绞、碾、刺、割等伤害，伤害的主要表现有压伤、碰伤、挤伤、割伤、砸伤、打击伤和绞伤等。

综上所述，电器伤害是因电流通过人体或电热设备高温导致的损伤，主要包括触电（电击伤）和烫伤（烧伤）两种形式；而机械伤害的核心特征与机械设备的物理运动直接相关，且具有突发性强、伤害程度高的特点。

三、电器与机械伤害的安全防护措施

（一）电器设备的安全防护

1.电器设备应放置在通风良好的实验环境，确保周围无易燃易爆物品、粉尘和其他杂物，电动机不能被包裹和覆盖。在易燃易爆化学品、油品的实验室必须配备带有防爆设施的专用电器设备。

2.所有电器设备的金属外壳按要求保护接地或保护接零。

3.电器旋转部分、传动轴等要有防护措施，如安装护栏、安全门、防护罩，安装紧急停车装置，如急停按钮等。如图2-3-4、图2-3-5所示。

图2-3-4　设备旋转部位的防护罩

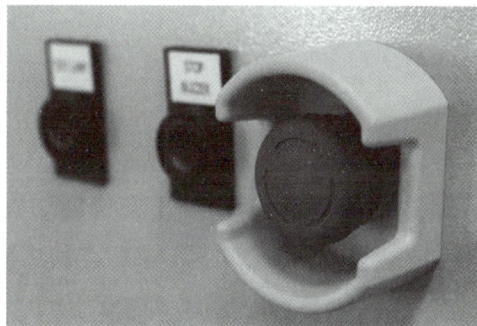

图2-3-5　大型设备急停按钮

4.定期检查电器设备的安全情况，如控温器是否正常、隔热材料是否有破损、电源线是否过热老化、安装是否牢固等。

5.电热设备使用期限一般不超过十年。

（二）电器设备的安全使用

1.使用电器设备时双手要保持干燥，不要用湿毛巾擦拭带电插座或电器设备。

2.操作人员要做好个人防护，如图2-3-6、图2-3-7所示。

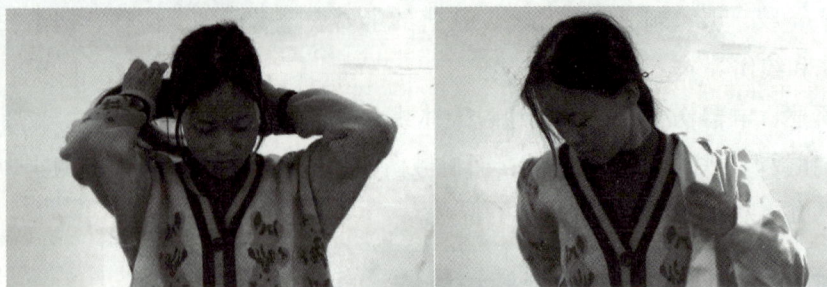

图 2-3-6　预防头发、衣物卷入机械部件

3.电热设备通电后要有人值守，不能长时间在超出温度范围最高限值的情况下使用，不能在无人监控的情况下长时间开启电器设备。

4.遇雷雨天气时应停止带电的实验操作。

5.加热易燃溶剂必须使用水浴或封闭式电炉，严禁用电炉直接加热。恒温水（油）浴使用时须加入足够的液体，避免干烧。

图 2-3-7　带电操作时做好个人防护

6.高速离心机、高速搅拌机等高速电机不能长时间使用，避免因为过热而烧毁电机。

7.移动电器设备时，要先切断电源，从而保护好电线。对设备进行维修或安装新电器时，也要先切断电源，并在明显处放置"禁止合闸，有人工作"的警示牌。电器设备使用完毕后，要及时关闭总电源，并检查加热装置的分开关是否关闭。

（三）电器设备安全警告标识

1.常见的警告标识（图2-3-8）

当心触电　Caution Shock
有电危险　Electric Shock Risk
注意高温　Caution high temperature
当心烫手　Be careful with hot
当心压手　Beware of Pressure Hand
当心夹手　Watch your hand
当心卷入　Warning Involvement
接　地　Grounding

图 2-3-8　常见的警告标识

2. 实验室的警告标识（图 2-3-9）

图 2-3-9　实验室的警告标识

四、电器与机械伤害的正确处理

（一）烫（烧）伤处理五字法

冲 ⇒ 脱 ⇒ 泡 ⇒ 盖 ⇒ 送

1. 冲：使用流动的冷水或清水冲洗受伤处约 20 分钟；

2. 脱：小心脱去创面表面的衣物，如果衣物与创口连接紧密，用小剪刀小心剪开脱去；

3. 泡：将创伤部位泡于水中；

4. 盖：用干净的无菌纱布或毛巾覆盖于创伤表面；

5. 送：尽快送医。

（二）触电急救三步法

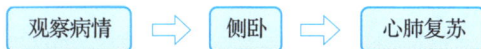

观察病情 ⇒ 侧卧 ⇒ 心肺复苏

1. 观察病情：观察伤者有无意识，若伤者意识清醒，则让其平卧休息；

2. 侧卧：当伤者意识不清，但呼吸和脉搏正常时，将其翻转至右侧卧位，若其口腔有分泌物，则应及时处理，防止窒息；

3. 心肺复苏：当伤者意识不清，且呼吸及脉搏停止时，立即对其进行心肺复苏，并拨打 120 急救电话。

（三）创伤急救先止血后包扎

1. 检查伤情并快速有效止血：用绷带、止血带等通过压迫、填塞等方法止血；

2. 包扎：包扎顺序是先包扎头部、胸部，然后包扎腹部，最后包扎四肢。

学以致用

一、绷带环形包扎法

绷带环形包扎法适用于伤口较小且粗细相等的受伤肢体，起到止血的作用。包扎方法可归纳为开、斜、绕、压、定。

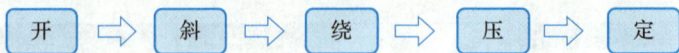

开 ⇒ 斜 ⇒ 绕 ⇒ 压 ⇒ 定

1. 开：将绷带打开；

2. 斜：绷带一段稍作斜状环绕一圈，然后将绷带第一圈斜出的一角压入环形圈内，用绷带环绕第二圈压住斜出的一角；

3. 绕：继续用绷带环绕数层，每圈盖住前一圈；

4. 压：缠绕过程中，适时适度按压绷带，让绷带贴合皮肤；

5. 定：包扎完毕后，多余绷带塞入缝隙或用医用胶布固定。

绷带环形
包扎法

二、心肺复苏（CPR）

2021 年 6 月 13 日，欧洲杯小组赛，丹麦运动员埃里克森在比赛中突然心搏骤停失去意识倒地，医务人员立即对其进行心肺复苏，经过十多分钟的抢救，埃里克森终于恢复了意识。在我国，每年发生呼吸、心搏骤停的人数约 54.4 万。时间就是生命！心肺复苏黄金抢救时间仅为 4~6 分钟，每一秒钟都是与死神赛跑。心肺复苏开始时间在 1 分钟之内，抢救的成功率可以高达 90%，只要晚于 10 分钟，患者几乎就会失去生命。因此，我们有必要学会如何做心肺复苏，具体操作步骤如下：

1. 观察现场环境：先判断周围环境是否安全，将伤者转移到安全、易于施救的场地；

2. 判断意识：通过"轻拍双肩，双耳边呼叫"判断伤者有无意识，不可摇动、拍打伤者。若伤者没有反应则为昏迷；

3. 检查呼吸、心跳：用右手的中指和食指从气管正中环状软骨滑向近侧颈动脉搏动处，默念 1001、1002、1003，数到 1007，触摸判断心跳，观察是否有呼吸；

4. 寻求帮助：伤者无呼吸，立即呼救周围群众拨打 120 急救电话；

5. 松解衣物：将伤者平放在地面上或硬板床上，解开衣服，松开腰带和领口，使其面部朝上，将伤者双腿打开与肩部保持同宽，头颈躯干位于同一条直线上；

6. 胸外心脏按压：心脏按压部位在两乳头连线中点。左手掌跟紧贴伤者的胸部，双手重叠，左手五指翘起，以掌根按压，双手臂伸直，用上身力量用力按压 30 次，按压深度至少达到 5 cm，每次按压后让胸部全部回弹，尽可能减少按压中的停顿；

7. 打开气道：一手置于伤者额部使头部后仰，并以另一手抬起后颈部，检查并剔除口腔异物、分泌物或义齿；

8. 人工呼吸：保持伤者仰头抬颏姿势，一手捏闭伤者鼻孔，然后深吸一口气，迅速用力向患者口内吹气，然后松开鼻孔，每分钟反复5次，直到伤者恢复自主呼吸；

9. 持续2分钟，即5个周期（胸外按压＋人工呼吸）；

10. 判断心肺复苏是否有效：俯身贴耳听伤者是否有呼吸声，同时触摸伤者是否有颈动脉搏动；

心肺复苏术

11. 整理伤者，交给医务人员，进一步维持生命。

延伸拓展

火灾自动报警系统是由触发器件、火灾报警装置、火灾警报装置及具有辅助功能的装置组成。

其目的是尽早发现并通报火灾，及时采取有效措施，控制和扑灭火灾，以减小损失。

现阶段，火灾自动报警系统发展到智能型火灾探测报警系统阶段，属于模拟量总线系统。探测器为具有独立智能产品，它能将环境的火灾参数变化量发送给报警控制器，报警控制器将一组参数与事先存入计算机的标准变化特性曲线相比较，以确认火灾是否发生。因此智能型设备具有更高的可靠性和抗误报警能力。火灾自动报警及消防联动控制系统如图2-3-10所示。

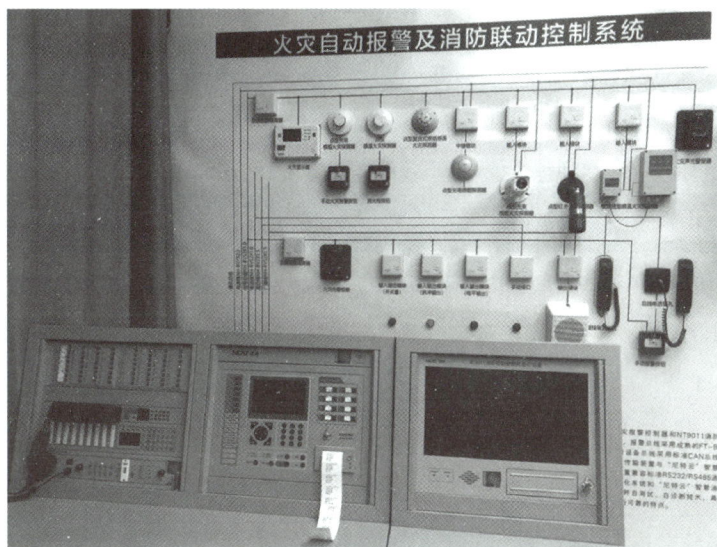

图2-3-10　火灾自动报警及消防联动控制系统

探究活动

请你收集生活中的灭火工具和防火知识并向同学分享，让我们的生活变得更加安全有序！

评价量表

我能说出：电器设备的分类（　　）

我做得很差	我做得较差	我做得一般	我做得较好	我做得很好
1	2	3	4	5

我能说出：电器设备的潜在危险隐患（　　）

我做得很差	我做得较差	我做得一般	我做得较好	我做得很好
1	2	3	4	5

我知道：如何正确防护电器与机械伤害（　　）

我做得很差	我做得较差	我做得一般	我做得较好	我做得很好
1	2	3	4	5

我成功辨认了：机械伤害的标识（　　）

我做得很差	我做得较差	我做得一般	我做得较好	我做得很好
1	2	3	4	5

我模拟过：伤口包扎过程（　　）

我做得很差	我做得较差	我做得一般	我做得较好	我做得很好
1	2	3	4	5

我模拟操作过：心肺复苏（　　）

我做得很差	我做得较差	我做得一般	我做得较好	我做得很好
1	2	3	4	5

我知道：违规使用电器设备的危险性（　　）

我做得很差	我做得较差	我做得一般	我做得较好	我做得很好
1	2	3	4	5

我认识到：提升使用电器、机械设备的安全意识十分有必要（　　）

我做得很差	我做得较差	我做得一般	我做得较好	我做得很好
1	2	3	4	5

我认为：我主动阅读了企业案例，并积极参与了课堂活动（　　）

我做得很差	我做得较差	我做得一般	我做得较好	我做得很好
1	2	3	4	5

任务总结

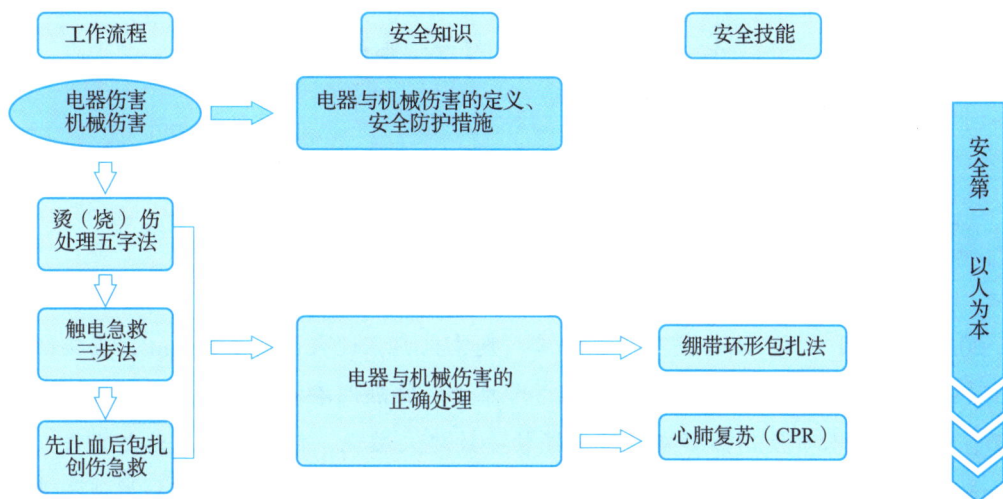

应用练习

1. 实验员在无机化学实验室进行硫酸亚铁铵制备实验，本实验室有通风橱、百分之一电子天平、机械粉碎机、高温电炉、恒温水浴锅、布氏漏斗抽滤机等电器设备，还有其他玻璃仪器和无水乙醇、盐酸等化学试剂。

（1）为了保证实验室安全，请你为这间实验室匹配合适的安全警示标志。

（2）上述仪器中，属于电热设备的是_____，属于电动设备的是_____。

（3）实验中要用恒温水浴锅进行样品的消解，用高温电炉加热制备脱氧水。实验员把恒温水浴锅和高温电炉并排相邻放置，将电源都插在同一个接线板上，为了加快制备脱氧水的速度，把电炉开到最大功率。样品消解结束后，实验员用湿毛巾包裹盛放样品的容器趁热进行过滤。实验结束后，实验员清洗玻璃仪器，整理台面，回收废弃物，关闭水浴锅、电炉、抽滤机、粉碎机电源开关后离开实验室。

请指出上述操作的错误之处并说明理由，写出正确的操作方法。

任务四　火灾事故

任务准备

企业案例1：事故回顾

2021 年 11 月 9 日，浙江省某市一化工厂发生火灾，过火面积 9 820 m²，直接经济损失 498.9 万元。经调查，事故原因是厂内 3 号堆场吨桶底阀渗漏，桶内浆液高沸物泄漏至地面，现场作业人员使用熟石灰处理泄漏物导致起火燃烧，作业人员用灭火器将火熄灭后，未燃尽的浆液高沸物与熟石灰混合物被装入编织袋捆成一堆，倚靠在一浆液高沸物吨桶一侧。编织袋内未燃尽的浆液高沸物与熟石灰混合物经长时间反应放热后，达到自燃温度，再次起火。起火初期未被及时发现，其倚靠的塑料吨桶局部受热融化，浆液高沸物流出，被明火点燃且迅速向四周扩散，引燃堆场内存放的其他可燃介质，堆场边沿设置的收集沟被燃烧产物堵塞充填，流淌火向堆场外部扩散，导致火灾事故扩大。燃烧过程中，由于堆场内有机硅高沸物及其他可燃物热分解不彻底、燃烧供氧不足、燃烧不完全，因此产生大量黑烟[①]。如图 2-4-1 所示。

图 2-4-1　化工厂发生火灾

---

① 衢州市人民政府. 衢州市召开新闻发布会通报中天氟硅"11·9"火灾事故救援处置情况[EB/OL].（2020-11-11）[2023-06-12]. https://www.qz.gov.cn/art/2020/11/11/art_1229037214_58999224.html.

感知体验

1.事故直接原因：有机硅高沸物及其他可燃物燃烧。

2.事故间接原因：安全生产主体责任落实不到位、在临时堆场长期大量堆放可燃、易燃的有机硅高沸物等介质，风险辨识不到位，安全管理混乱、外聘的作业人员未经安全生产教育和培训合格，即被安排上岗作业等。

任务概述

在人类发展的历史长河中，火，燃尽了茹毛饮血的历史；火，点燃了现代社会的辉煌。正如传说中的那样，火是具备双重性格的"神"，有时它是人类的朋友，但有时又是人类的敌人。失去控制的火，就会给人类造成灾难。火灾是一种多发性灾害，是威胁生命安全的无情杀手。据统计，全国每天发生火灾300多起，每月就有几十人丧生于大火，每年的财产损失就高达数十亿元，后果极其严重。党的二十大报告提出"完善公共安全体系，推动公共安全治理模式向事前预防转型"，要完成这项重大安全举措，火灾的预防及应急处置显得尤为重要。本任务主要介绍实验室火灾的预防及应急处理。

任务目标

1.知道火灾的定义及其危害。

2.能做好实验室火灾事故的预防措施。

3.能正确应对实验室火灾事故。

知识学习

一、火灾的定义及危害

火灾是指在时间或空间上失去控制的燃烧及其所造成的灾害。它不仅仅会造成环境污染，甚至可能造成重大人员伤亡和财产损失。火灾是一个燃烧过程，可燃物、助燃物和点火源是物质燃烧的三要素；燃烧的产物一般主要为烟气，烟气对人体的主要危害是烧伤、窒息和吸入气体、粉尘造成中毒等，火灾中约80%的死亡是因吸入毒性烟气（气体）导致的。火灾产生的烟气如图2-4-2所示。

图 2-4-2　火灾产生的烟气

在各种灾害中，火灾是最常见且普遍威胁公众安全和社会发展的主要灾害之一。化工企业由于易燃易爆物品多，气体介质复杂，因此火灾事故在化工安全事故中频发，成为其中最常见的安全事故。然而，不管是在企业还是在学校，实验室火灾都是实验室安全事故中最常见的一种。

二、实验室火灾的预防

（一）预防火灾的一般原则

防微杜渐，预防火灾的根本目的是使人员伤亡、财产损失降到最低。在制定防火措施时，可以从以下四个方面考虑。

1. 预防：这是最基本、最重要的原则。主要从两个方面做好预防：一是消除导致火灾的物质条件（即可燃物与氧化剂的结合）；二是消除导致火灾的能量条件（即点火源），从根本上杜绝起火的可能性。

2. 限制：即一旦发生火灾事故，采取限制其蔓延扩大及减少损失的措施。如安装阻火装置，设防火墙、防火门、防火卷帘等，如图 2-4-3 所示。

图 2-4-3　防火门、防火卷帘

3. 消防：配备必要的消防设施，万一不慎起火，能及时扑灭。如果能在着火初期将火扑灭，就可以避免发生大火灾或爆炸。

4. 疏散：预先采取必要的措施，如在人员集中场所设置安全门、疏散楼梯或疏散通道等。一旦发生较大火灾时，能迅速将人员或重要物资撤到安全区，以减少损失。安全出口标识如图 2-4-4 所示。

图 2-4-4　安全出口标识

（二）预防火灾的基本措施

可燃物、助燃物和点火源是构成燃烧的三个要素，三者同时存在是燃烧的必要条件，缺少其中任何一个，燃烧便不能发生。由此可知，为预防实验室火灾发生而采取的基本措施有以下四种：

1. 控制可燃物

采取规范管理、储量可控、种类可辨、稳态安全的控制措施，有效控制容易发生火灾的可燃物。

2. 隔绝助燃物

通过规范存放、严格遵章执行方式，将实验室氧气等助燃物品与易燃物品阻隔，并将易燃物品与空气隔绝。

3. 远离或清除火源

实验室应做到严格用火、遵章用电、注意防雷，对特殊反应要有人值守，预防失火。

4. 阻止火势的蔓延

实验室要严格执行消防管理规定，做到预防措施得当、技术防范稳妥，及时控制初期火灾火险。

三、实验室火灾事故的应急处理

（一）报警

火灾发生后，应及时向周边人员报警，向受火灾威胁的人员报警，向消防部门报警，向消防控制室值班员报警，向单位负责人报警。

《中华人民共和国消防法》第四十四条规定："任何人发现火灾都应当立即报警。任何单位、个人都应当无偿为报警提供便利，不得阻拦报警。严禁谎报火警。"根据这一法规要求，火灾现场及附近的人员都应当积极报警和参与有组织地扑救。负有报警职责的人员若不及时报警，依据《中华人民共和国消防法》的规定将受到处罚。

（二）初期火灾的扑救

火灾发生后，应在确保自己能安全撤离的情况下，采取正确的灭火方法和选用适当的灭火器材积极进行扑救。

1. 火灾的类型

国家推荐性标准《火灾分类》（GB/T 4968—2008）中，根据可燃物的类型和燃烧特性，将火灾分为 A、B、C、D、E、F 六大类：

A 类火灾：指固体物质火灾。这种物质通常具有有机物性质，一般在燃烧时能产生灼热的余烬，如木材、干草、煤炭、棉、毛、麻、纸张火灾等；

B 类火灾：指液体或可熔化的固体物质火灾，如煤油、柴油、原油、甲醇、乙醇、沥青、石蜡火灾等；

C 类火灾：指气体火灾，如煤气、天然气、甲烷、乙烷、丙烷、氢气火灾等；

D 类火灾：指金属火灾，如钾、钠、镁、钛、锆、锂、铝镁合金火灾等；

E 类火灾：指带电火灾，即物体带电燃烧的火灾；

F 类火灾：指烹饪器具内的烹饪物（如动植物油脂）火灾。

2. 灭火的基本方法

根据燃烧的基本原理，灭火采用的基本方法有以下四种：

（1）冷却法：降低燃烧物的温度，使温度低于燃点，火就会熄灭，如生活中常用水扑灭，如图 2-4-5 所示；

图 2-4-5　冷却法灭火

（2）窒息法：阻止空气流入燃烧区域或用不燃烧的物质冲淡空气，使燃烧物得不到足够的氧气而熄灭，如图2-4-6所示；

图2-4-6　窒息法灭火

（3）隔离法：将燃烧物或燃烧物附近的可燃物质隔离或移开，不使火势蔓延而终止其燃烧，从而使火熄灭，如用泡沫灭火剂灭火，如图2-4-7所示；

图2-4-7　隔离法灭火

（4）抑制法：采用化学措施抑制燃烧，如用干粉灭火剂等通过化学作用，破坏燃烧的链式反应，使燃烧终止，如图2-4-8所示。

图2-4-8　抑制法灭火

3. 常见的消防灭火设施和器材

实验室常见的消防灭火设施有火灾自动报警系统、消火（防）栓系统、各类灭火器材、各类消防紧急疏散指示标识（设备）、自动排烟系统等。

（1）火灾自动报警系统：是建筑物内烟雾感应、火灾监测、自动报警的现代消防应急设施，为了能够准确辨识，平时要加强维护和保养。烟雾报警器、火灾报警控制器如图2-4-9所示。

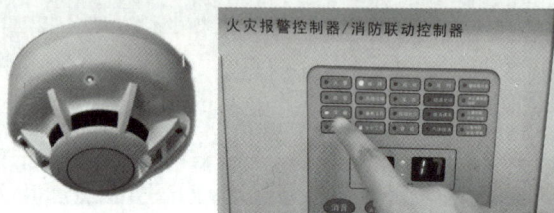

图 2-4-9　烟雾报警器、火灾报警控制器

（2）消火（防）栓系统：分为室内消火（防）栓系统和室外消火（防）栓系统。室内消火（防）栓系统包括室内消防水带、水枪、水箱、消防水泵、消防水泵房、水泵接合器；室外消火（防）栓系统包括室外地上消火栓、室外地下消火栓、消防水池、室外消防给水管道、消防水泵等。

现代建筑内，如一些标准化的实验室，除有消火（防）栓系统外，还有一些自动灭火系统。室内外消火栓、自动喷淋装置如图2-4-10所示。

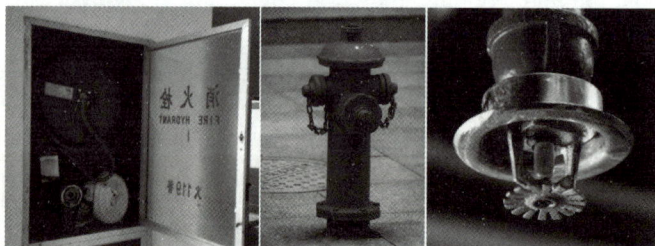

图 2-4-10　室内外消火栓、自动喷淋装置

（3）常见灭火器灭火原理与适用范围见表2-4-1。

表 2-4-1　常见灭火器灭火原理与适用范围

灭火器种类	灭火原理	适用范围
干粉灭火器	充装干粉灭火剂，一般分为BC干粉灭火剂（碳酸氢钠等）和ABC干粉灭火剂（磷酸铵盐等）两大类，主要参与燃烧反应，借助粉粒作用消耗反应的活性基团，降低氧含量，抑制燃烧	BC干粉灭火器适用于B、C、E、F类火灾，ABC干粉灭火器适用于A、B、C、E、F类火灾，二者均不适用于D类火灾或固体深层火灾或大面积火灾

续表

灭火器种类	灭火原理	适用范围
二氧化碳灭火器	采用喷出压缩二氧化碳，降低燃烧区的氧气含量，窒息灭火，同时起到一定冷却作用	适用于 B、C、E、F 类火灾，特别是电器火灾、精密仪器火灾、重要文件材料火灾等，不能用于内部阴燃物资、自燃分解物质和 D 类火灾
泡沫灭火器	灭火器内部两种物质混合后产生泡沫喷出，泡沫覆盖，隔绝空气，窒息灭火	蛋白泡沫、氟泡沫、水基泡沫适用于 A 类火灾和 B 类非水溶性可燃液体火灾，不适用 D、E 类火灾或遇水燃烧爆炸的火灾。抗溶性泡沫主要用于 B 类中乙醇、甲醇、丙酮等一般水溶性可燃液体火灾

上述常见灭火器如图 2-4-11 所示。

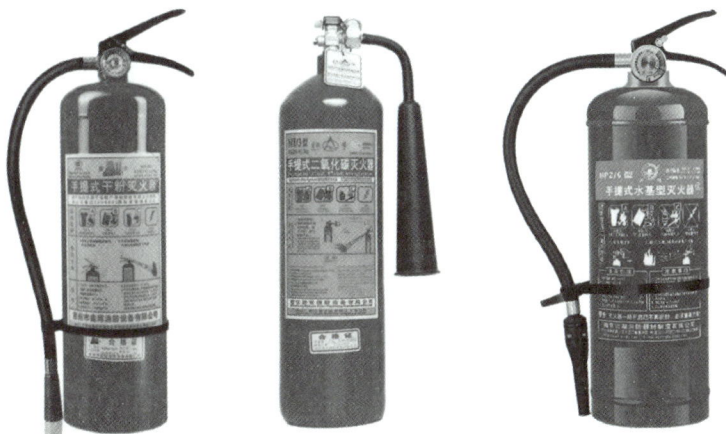

图 2-4-11　干粉灭火器、二氧化碳灭火器与泡沫灭火器

（4）消防沙箱、消防沙池：实验室少量易燃液体和其他不能用水灭火的危险品着火可用沙子来扑灭。它能隔绝空气并起到降温作用，从而达到灭火的目的。如图 2-4-12 所示。

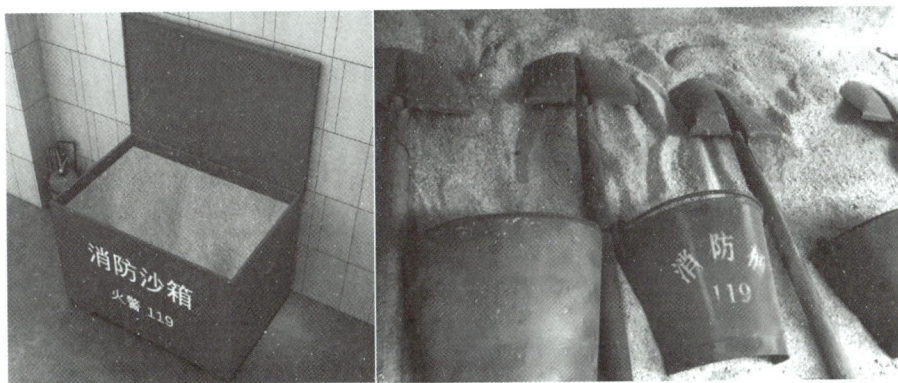

图 2-4-12　消防沙箱、消防沙池

（5）灭火毯：或称消防被、灭火被、防火毯、消防毯、阻燃毯、逃生毯，是由玻璃纤维等材料经过特殊处理编织而成的织物，能起到隔离热源及火焰的作用，可用于扑灭小范围液体容器着火或者小面积可以覆灭的火源，也可在火灾发生时供现场人员披覆在身上逃生。灭火毯如图 2-4-13 所示。

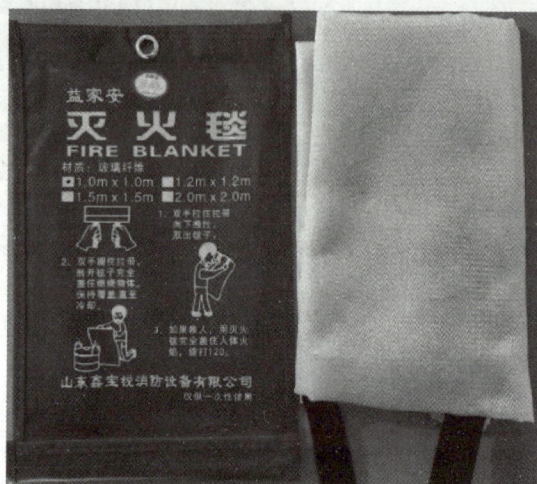

图 2-4-13　灭火毯

（三）疏散与逃生

火灾发生后，人员的安全疏散与逃生自救极为重要。在此过程中，要注意以下几点：

1. 稳定情绪，保持冷静，维护好现场秩序；

2. 熟悉逃生路线图；

3. 在能见度差的情况下，采用拉绳、拉衣襟、喊话、启用应急照明设备等方式引导疏散；

4. 当烟雾较浓、视线不清时不要奔跑，左手用湿毛巾捂住口鼻做好防烟保护，右手向右前方顺势探查，靠消防通道右侧，顺着紧急疏散指示标志引导的疏散逃生路线，半蹲、弯腰或匍匐前进，迅速撤离；

5. 在逃生过程中经过火焰区，要淋湿身体并尽量用浸湿的衣物、被褥等不燃烧、难燃烧的物品包裹身体后冲出；

6. 个人衣服起火时，切勿慌张奔跑，以免风助火势，应迅速脱衣，用水浇灭火势，火势过大时可就地卧倒打滚，压灭火焰；

7. 发生火灾时，不能乘普通电梯，三楼以上在无防护的情况下不能跳窗，不要贪恋财物；

8. 室外着火时，千万不要开门，以防大火窜入室内，应用浸湿的衣物、被褥等堵住门、窗缝，并泼水降温。

学以致用

一、正确报警

发现火灾时应该立即拨打"119"报警，报警早，损失小。正确的报警方法是：首先要讲清失火单位的名称、地址，地址要尽可能明确、具体；其次要说明着火物质、火势大小、有无被困人员等；最后留下自己的姓名和电话号码，以便消防部门实时电话联系。打完电话后要立即派人到路口等候消防车的到来，以便引导消防车迅速赶到现场。

二、常见灭火器材的正确使用

（一）室内消火（防）栓的正确使用

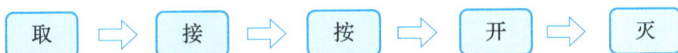

取 ⇨ 接 ⇨ 按 ⇨ 开 ⇨ 灭

1. 取：打开或击碎箱门，取出消防水带；
2. 接：水带一头接在消火栓接口上，另一头接消防水枪；
3. 按：按下箱内消火栓启泵按钮；
4. 开：打开消火栓上的水阀开关；
5. 灭：对准火焰根部进行灭火。

消火栓的使用

（二）干粉灭火器的正确使用

提 ⇨ 颠 ⇨ 拔 ⇨ 压 ⇨ 灭

干粉灭火器是实验室的常备消防设备，在着火的初始阶段使用特别有效。使用方法：

1. 提：将灭火器提到距火源适当的位置；
2. 颠：先将灭火器上下颠倒几次，使筒内的干粉松动；
3. 拔：将喷嘴对准火焰根部，拔去保险销；
4. 压：压下压把，使筒内的干粉灭火剂喷向火焰根部；
5. 灭：灭火时，要始终压下压把，不能放开，直到火焰熄灭，否则会中断喷射。（警示：在有风的天气灭火时，应站在上风方向进行灭火，并与火源保持安全距离）

干粉灭火器的使用

三、火灾应急演练

模拟火灾应急演练：熟悉模拟火灾现场环境，设计逃生路线，模拟火灾报警、干粉灭火器的使用和疏散逃生等。

💡 延伸拓展

企业案例2

火灾无情且可怕，但是，若我们做好了应急演练工作，也能有效避免一些大的火灾事故的发生。2021年8月，赣州瑞金市某生产车间突发火灾，此时路过的员工发现火情后，立即冲上前将电源关闭，并拨打"119"火警电话。另一名员工则手提灭火器进行灭火，为尽快将火势扑灭，又迅速召集厂内其余人员。随后，大家拿着灭火器冲上前有条不紊地参与扑救。消防员赶到现场后，明火已被成功扑灭，且周边摆放着20余具用完的灭火器。因为扑救及时，所以未造成更大的损失。据了解，该单位每半年就会按照"一警六员"基本技能实操实训内容进行一次消防安全演练和培训。防微杜渐，通过出真水、灭真火，让全体员工做到"小火会用灭火器，大火会用消火栓"，才能使得他们在面对险情时临危不乱，在本职工作与"准消防员"之间迅速切换，及时、有效地进行扑救，最大程度地减少火灾带来的危害[①]。火灾应急处置如图2-4-14所示。

图2-4-14 火灾应急处置

📚 探究活动

对于火灾，在我国古代，人们就总结出"防为上，救次之，戒为下"的经验。请你仔细思考生活中可能引起火灾事故的火源有哪些，预防为先，杜绝火灾事故的发生。

---

① 中国青年网. 江西瑞金市：工厂杂物自燃 员工熟练灭火 [EB/OL]. (2023-08-07) [2024-05-08]. https://df.youth.cn/dfzl/202308/t20230807_14700585.htm.

评价量表

我能说出：火灾的定义及危害（　　　）

我做得很差	我做得较差	我做得一般	我做得较好	我做得很好
1	2	3	4	5

我能说出：火灾的分类（　　　）

我做得很差	我做得较差	我做得一般	我做得较好	我做得很好
1	2	3	4	5

我知道：如何预防实验室火灾（　　　）

我做得很差	我做得较差	我做得一般	我做得较好	我做得很好
1	2	3	4	5

我成功模拟了：拨打"119"报警（　　　）

我做得很差	我做得较差	我做得一般	我做得较好	我做得很好
1	2	3	4	5

我模拟训练过：室内消火栓的使用（　　　）

我做得很差	我做得较差	我做得一般	我做得较好	我做得很好
1	2	3	4	5

我模拟训练过：干粉灭火器的使用（　　　）

我做得很差	我做得较差	我做得一般	我做得较好	我做得很好
1	2	3	4	5

我知道：作业人员未经安全生产教育和培训合格即被安排上岗作业的危险性（　　　）

我做得很差	我做得较差	我做得一般	我做得较好	我做得很好
1	2	3	4	5

我认识到：提升大众的安全意识、法制观念、应急演练意识很重要（　　　）

我做得很差	我做得较差	我做得一般	我做得较好	我做得很好
1	2	3	4	5

我认为：我主动阅读了企业案例，并积极参与了课堂活动（　　　）

我做得很差	我做得较差	我做得一般	我做得较好	我做得很好
1	2	3	4	5

📋 **任务总结**

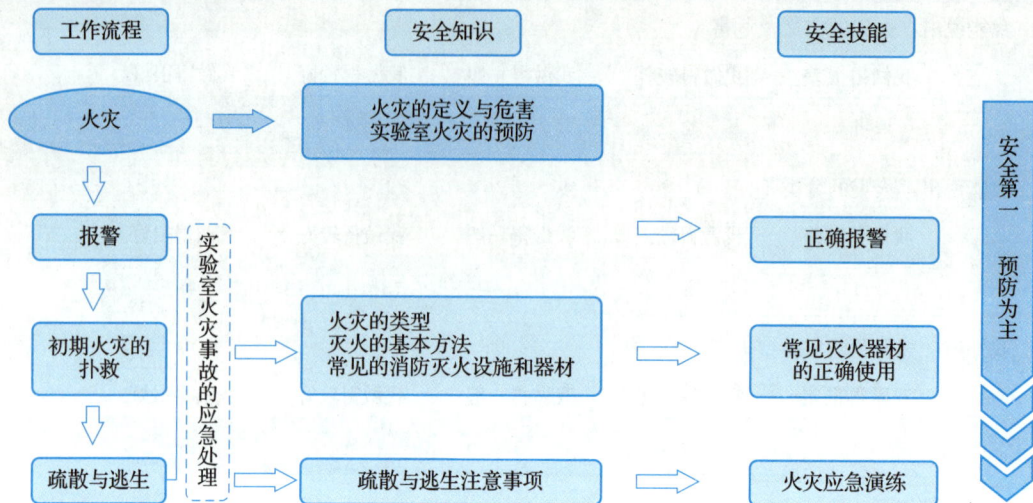

📝 **应用练习**

1. 实验室一旦不慎发生火情，应立即切断_____，迅速移开附近_____。

2. 王老师在无机化学实验课上，探究钾、钠的性质，涉及与水的反应、与氧气的反应。请你完成下列情境习题。

（1）实验室使用的少量钠、钾应存放于（　　）里面。

A. 煤油　　　　　　B. 水　　　　　　　C. 空气　　　　　　D. 酸液

（2）某同学做钠与水反应实验时，因操作不慎使烧杯被碰倒，水与钠一起倒出，引起实验台面小范围着火，此时你可用（　　）灭火。

A. 水　　　　　　　B. 灭火器　　　　　C. 细沙　　　　　　D. 干抹布

（3）实验室发生火情后，火势较大，王老师请你拨打"119"报警，你应该讲清哪些内容？

_____

_____

任务五　爆炸事故

任务准备

企业案例：事故回顾

2019 年 7 月 19 日，河南省某气化厂发生重大爆炸事故，造成 15 人死亡、16 人重伤。经调查，事故直接原因是空气分离装置冷箱泄漏未及时处理，发生"砂爆"（空分冷箱发生漏液，保温层珠光砂内就会存有大量低温液体，当低温液体急剧蒸发时冷箱外壳被撑裂，气体夹带珠光砂大量喷出的现象），进而引发冷箱倒塌，导致附近 500 m³ 液氧贮槽破裂，大量液氧迅速外泄，周围可燃物在液氧或富氧条件下发生爆炸、燃烧，造成周边人员大量伤亡[①]。如图 2-5-1 所示。

图 2-5-1　某气化厂发生重大爆炸事故

感知体验

1. 事故直接原因：可燃物在液氧或富氧条件下发生爆炸、燃烧。

2. 事故间接原因：装置泄漏后处置不及时、带病运行，设备、生产等专业过程管理存

---

① 代睿. 国务院安委会对河南义马"7·19"爆炸事故查处挂牌督办 [EB/OL]. （2019-07-29）[2023-04-26]. https://baijiahao.baidu.com/s?id=1640403439391319501.

在重大安全漏洞，工厂设计布局不合理，对空气分离等配套装置安全生产重视不够，事发企业安全意识、风险意识淡薄，风险辨识能力差等。

任务概述

　　近年来，随着我国经济的快速发展，工业生产能力、实验室科研能力、科研投入均得到了飞速提升，但与此同时爆炸事故也时有发生。党的二十大报告提出"必须坚定不移贯彻总体国家安全观，把维护国家安全贯穿党和国家工作各方面全过程，确保国家安全和社会稳定"。要落实这项重要任务，学会对爆炸事故的防范及正确的应急处理显得非常必要。本任务主要介绍化学实验室对爆炸事故的预防及应急处理。

任务目标

　　1. 知道爆炸的定义。
　　2. 能做好实验室爆炸事故的预防措施。
　　3. 能对实验室爆炸事故进行应急处理。

知识学习

一、爆炸的定义

　　爆炸是一种极为迅速的物理或化学的能量释放过程。在此过程中，系统的内在势能转变为机械功及光和热的辐射等。爆炸物质可能是气体、液体或固体。爆炸过程中，系统的内在能量转变为气体的静压能，静压能对外做机械功。爆炸做功的根本原因在于，系统爆炸瞬间形成的高温高压气体或蒸气的骤然膨胀。爆炸体系和它周围的介质之间发生急剧的压力突变是爆炸的最重要特征，这种压力的突然变化也是爆炸产生破坏作用的直接原因。实验室爆炸事故带有毁灭性，其破坏力强，一旦发生即可导致严重财产损失、环境污染，甚至人员伤亡。

二、实验室爆炸事故的预防

（一）爆炸的分类

　　根据发生爆炸的物质不同，爆炸分为化学爆炸、物理爆炸、核爆炸。
　　1. 化学爆炸：指物质在瞬间完成化学反应，产生大量气体和能量的现象。化学爆炸前后，物质的性质和化学成分均发生根本的变化。化学爆炸按爆炸时所发生的化学变化的形式，可分为简单分解爆炸、复杂分解爆炸和爆炸性混合物爆炸。图 2-5-2 所示为黎巴嫩贝鲁特港大爆炸，属化学爆炸。

2. 物理爆炸：指物质因状态或压力发生突变而形成爆炸的现象。爆炸的前后，爆炸物质的性质及化学成分均不改变。图 2-5-3 所示为锅炉爆炸事故，属物理爆炸。

3. 核爆炸：指物质因原子核在发生"裂变"或"聚变"的链式反应时瞬间放出巨大能量而产生的爆炸。如图 2-5-4 所示，中国第一颗原子弹爆炸成功，属核爆炸。

图 2-5-2　黎巴嫩贝鲁特港大爆炸（化学爆炸）

图 2-5-3　锅炉爆炸事故（物理爆炸）

图 2-5-4 中国第一颗原子弹爆炸成功（核爆炸）[①]

（二）实验室化学爆炸的预防

1. 爆炸极限

爆炸极限是与发生化学爆炸物质相关的一个关键概念。因为可燃物质（可燃气体、蒸气和粉尘）与空气（或氧气）必须在一定的浓度范围内均匀混合，形成预混气，遇点火源才会发生爆炸，而这个浓度范围称为爆炸极限或爆炸浓度极限。可燃性混合物能够发生爆炸的最低浓度和最高浓度，分别称为爆炸下限和爆炸上限，这两者有时亦称为着火下限和着火上限。在低于爆炸下限时不爆炸也不着火；在高于爆炸上限时不会爆炸，但能着火燃烧。图 2-5-5 所示为达到爆炸极限后的粉尘爆炸。

图 2-5-5 达到爆炸极限后的粉尘爆炸

---

① 河南日报. 王国元：60 年前，他为新中国第一颗原子弹成功爆炸坚守到最后一刻 [EB/OL].（2024-10-29）[2024-12-01]. https://www.sohu.com/a/821428591_121375869.

各种物质的爆炸极限还与初始温度、含氧量、压力、惰性气体含量、火源强度、容器等影响因素有关。

2. 防爆的基本措施

可燃物质发生化学爆炸必须具备三个条件：存在可燃物质、可燃物质与空气（或氧气）混合达到爆炸极限、具有足够的引爆能量。防止化学爆炸发生就是要阻止这三个条件的同时存在和相互作用，如采取保持良好通风、防止爆炸物质聚集达到爆炸极限、在体系内通入惰性气体、系统密封防止可燃物泄漏，以及安装监测和报警装置等措施，均可有效避免爆炸事故的发生。

（三）实验室物理爆炸的预防

防止物理爆炸发生就是要阻止物质状态或压力突然改变，如避免突然加热、升温、泄漏等，使物质有效保持在规定容器内，可有效避免物理爆炸事故的发生。图 2-5-6 所示为高压反应釜。

（四）定期进行安全隐患排查

由于爆炸的突发性强，破坏作用大，爆炸过程瞬间完成，人员伤亡及物质财产损失也在瞬间造成，因此对爆炸事故更应强调以"防"为主。实验室应定期开展压力容器安全隐患排查，及时汇报排查结果，及时消除安全隐患。如图 2-5-7 所示。

图 2-5-6　高压反应釜

图 2-5-7　定期开展压力容器安全隐患排查

三、实验室爆炸事故的应急处理

（一）救护

如果发生爆炸事故，首先将受伤人员撤离现场，送往医院急救。如果发生建筑物倒塌等事故，要尽快摸清可能被埋压在倒塌建筑内的人员数量和所在位置，采取有效措施予以救援。

（二）排险

在对现场伤亡人员采取紧急救援措施的同时，应立即切断电源，关闭可燃气体阀门和水龙头，并迅速清理现场，对附近未燃烧或易爆炸的物品，及时予以转移，以防引发次生事故。若已经引发了次生事故，则按相应办法处理。

（三）疏散

一旦发生爆炸，还要根据现场可能发生爆炸或燃烧事故将要波及的范围，疏散撤离相关人员。

学以致用

一、实验室爆炸事故防范

（一）防范要点

1. 对于挥发性易燃液体，要防止其蒸气与空气混合，进行低温存储、有效密封，避免发生化学反应，对于易挥发气体要有效导出并妥善处理，做好通风换气，避免室内集聚，控制好火源；

2. 对于强氧化反应类的爆炸，要有效预防，要规范强氧化性物质的化学性质、反应特性、操作规程、防范预案相关内容；

3. 对于压力容器，其压力范围（设计压力、工作压力）要符合规范，留有余量，做好防爆措施、控制措施，尤其是加热类的压力容器要高度重视，压力容器及管道周围要注意防范；

4. 对于高压气瓶，要注意其有效期，避免受振动、靠近热源，确保阀门正常，防范措施妥当；

5. 实验室要预防火灾，因为实验室爆炸事故大多由火灾引发，控制火灾能够最大程度减少实验室爆炸事故的发生。

（二）实验室常见具体防范措施

1. 凡是有爆炸危险的实验，必须严格遵守实验规程，并应在专门防爆设施（或通风橱）中进行，如图2-5-8所示在通风橱中进行易燃易爆实验；

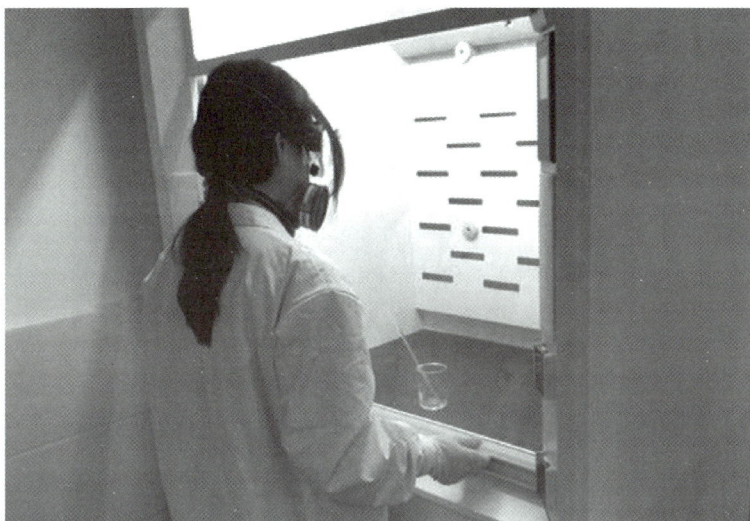

图 2-5-8　在通风橱中进行易燃易爆实验

2. 高压实验必须在远离人群的实验室中进行；

3. 在做高压、减压实验时，应使用防护屏或防爆面罩；

4. 绝不允许随意混合各种化学药品，如高锰酸钾和甘油；

5. 在点燃氢气、一氧化碳等易燃气体之前，必须先检查并确保其纯度；银氨溶液不能留存；某些强氧化剂（如氯酸钾、硝酸钾、高锰酸钾等）或其混合物不能研磨，否则都会发生爆炸；

6. 钾、钠应保存在煤油中，白磷保存在水中，取用时应使用镊子。一些易燃的有机溶剂，要远离明火，用后立即盖好瓶塞。

二、实验室安全隐患排查

（一）排查主要内容

1. 实验室相关基础设施；

2. 高压气瓶、压力容器，如图 2-5-9 所示实验室高压气瓶安全检查；

3. 各类化学试剂；

4. 各类加热实验设备；

5. 用电安全；

6. 各类非标实验装置（根据特定的实验需求和要求，定制设计和制造的实验装置）。

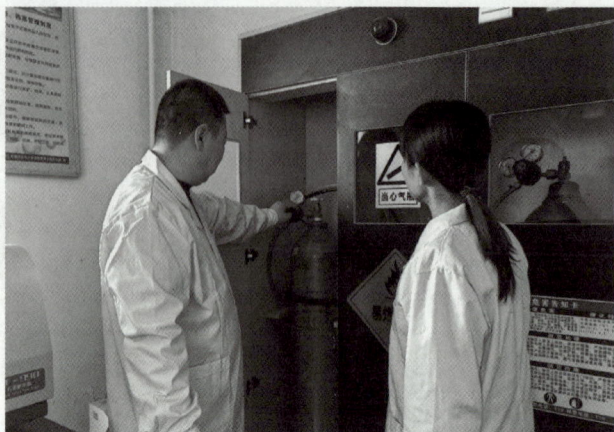

图 2-5-9　实验室高压气瓶安全检查

（二）排查要点

1. 对于实验室相关基础设施，排查是否符合地面平整、布局合理、通风换气设施齐全、恒温恒湿、配备报警设施等要求；

2. 针对高压气瓶、压力容器，排查瓶体、种类、数量、管线、阀门、压力表、使用方式、防爆控制等是否存在隐患；

3. 针对各类化学试剂，排查是否存在剧毒、易燃易爆、低闪点、低沸点、腐蚀性、自燃、遇水反应、反应禁忌等隐患；

4. 针对各类加热实验设备，排查周围环境是否符合规范、易燃品距离是否达标、控温方式是否妥当、保护设施是否到位；

5. 针对用电安全，排查接地、负荷、绝缘、短路、潮湿环境、化学腐蚀等隐患；

6. 针对各类非标实验装置，排查压力、温度、动力安全、防护措施是否规范。

延伸拓展

爆炸事故带有毁灭性，破坏力强，会给国家造成重大的财产损失和人员伤亡，因此很多人都对其闻之色变。然而，若能做好做实平时的安全隐患排查工作，及时发现问题并及时整改，就能消除事故隐患，筑牢安全防线。2020 年 6 月，是第十九个全国安全生产月，国务院安全生产委员会办公室启动第三轮危险化学品重点县专家指导服务，160 位来自全国各地化学危险品领域的专家奔赴涵盖 31 个省、自治区、直辖市以及新疆生产建设兵团的 53 个重点县，对 2 000 多家化工企业开展重点帮扶与辅导培训，帮助他们排查安全风险，防患于未然[①]。如图 2-5-10 所示危化品安全排查。

---

①　中国物流与采购联合会危化品物流分会. 央视《应急时刻》I 为危化企业深度体检 全面排查安全隐患 [EB/OL].（2020—06—23）[2024—12—03]. http://www.hcls.org.cn/article/87360.html.

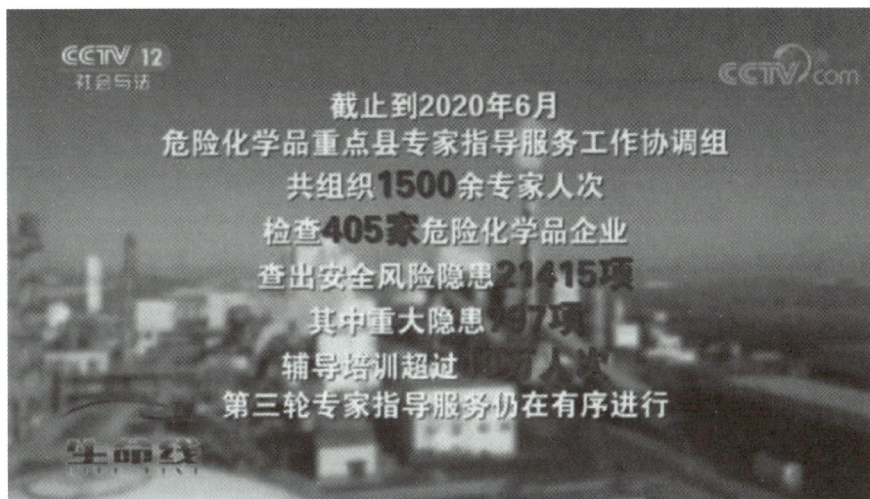

图 2-5-10　危化品安全排查

探究活动

　　请排查你所在学校的实验室和你居住的宿舍、社区周边是否存在可能导致爆炸事故的隐患，并与同学交流你发现的隐患，提出消除此类隐患的方法与建议。

评价量表

我能说出：爆炸的定义（　　）

我做得很差	我做得较差	我做得一般	我做得较好	我做得很好
1	2	3	4	5

我能说出：爆炸的分类（　　）

我做得很差	我做得较差	我做得一般	我做得较好	我做得很好
1	2	3	4	5

我知道：爆炸极限的概念（　　）

我做得很差	我做得较差	我做得一般	我做得较好	我做得很好
1	2	3	4	5

续表

我成功学会了：实验室爆炸事故防范要点（　　　）

我做得很差	我做得较差	我做得一般	我做得较好	我做得很好
1	2	3	4	5

我模拟过：实验室爆炸事故的应急处理（　　　）

我做得很差	我做得较差	我做得一般	我做得较好	我做得很好
1	2	3	4	5

我模拟过：排查实验室安全隐患（　　　）

我做得很差	我做得较差	我做得一般	我做得较好	我做得很好
1	2	3	4	5

我知道：安全意识、风险意识淡薄，风险辨识能力差的危险性（　　　）

我做得很差	我做得较差	我做得一般	我做得较好	我做得很好
1	2	3	4	5

我认识到：提升大众的安全隐患排查意识很重要（　　　）

我做得很差	我做得较差	我做得一般	我做得较好	我做得很好
1	2	3	4	5

我认为：我主动阅读了企业案例，并积极参与了课堂活动（　　　）

我做得很差	我做得较差	我做得一般	我做得较好	我做得很好
1	2	3	4	5

任务总结

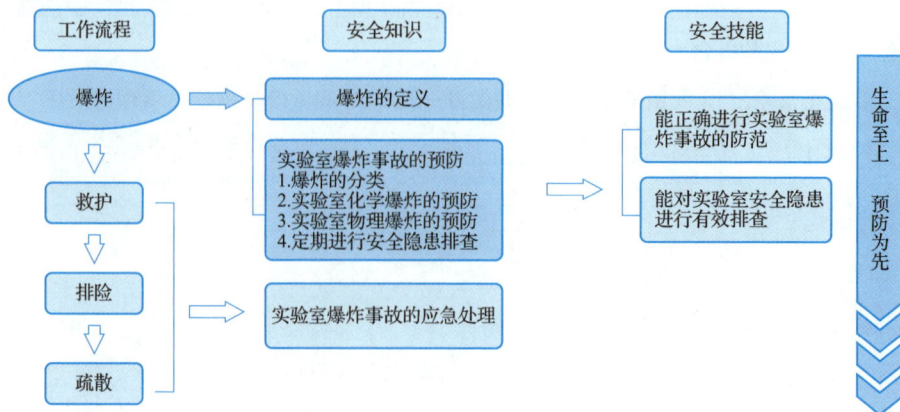

应用练习

1. 氧气钢瓶受热升温，引起气体压力增高，当瓶内气体压力超过钢瓶的强度极限时即发生爆炸，此类爆炸属于（   ）。

    A. 化学爆炸   B. 物理爆炸   C. 核爆炸   D. 粉尘爆炸

2. 用来制造炸药的硝化棉在爆炸时放出大量热量，同时生成大量气体（CO、CO_2、H_2 和水蒸气等），硝化棉的爆炸属于（   ）。

    A. 核爆炸   B. 物理爆炸   C. 化学爆炸   D. 粉尘爆炸

3. 在进行蒸馏操作时，全套装置必须与大气相通，绝不能造成密闭体系，否则容易发生＿＿＿＿＿＿＿。

4. 可燃性混合物能够发生爆炸的最低浓度和最高浓度，分别称为爆炸＿＿＿＿＿＿＿和爆炸＿＿＿＿＿＿＿，混合物中的可燃物浓度只有在最低浓度和最高浓度之间，才会有爆炸危险。

5. 思考：如何有效预防实验室爆炸事故的发生？

＿＿＿

＿＿＿

任务六　实验室危险废弃物的管理处置

任务准备

企业案例1：事故回顾

2021 年 1 月 31 日，山东省某市某街道发生一起违法倾倒化工废料事件，致 4 人死亡、37 人中毒。经调查，山东省某市的两名个体户在没有危险废物经营许可证的情况下，接收来自山东某制药有限公司和某化工有限公司产生的工业废液，并于 2021 年 1 月 30 日晚间及 31 日凌晨分别将含有醋酸、硫氢化钠的两种工业废液偷排至污水管网。两种废液混合后发生反应，产生了硫化氢等大量的有毒气体，通过污水管网扩散至深夜熟睡的居民家中，最终造成土壤、地下水和大气等环境污染，酿成重大人员伤亡事故。如图 2-6-1 所示。

图 2-6-1　违法倾倒化工废料

感知体验

1. 事故直接原因：硫化氢等有毒气体中毒。

2. 事故间接原因：违规排放工业废液至污水管网、个体户不具备危险废物经营资质、危废产生企业违反《废弃危险化学品污染环境防治办法》规定、案件相关责任人环保和安全意识淡薄等。

任务概述

近年来，我国经济发展十分迅猛，工业生产能力得到了飞速提升，但与此同时危险废弃物的产量也在日益剧增。党的二十大报告第十章"推动绿色发展，促进人与自然和谐共生"中提出"污染治理、生态保护"，要完成这项重要环保举措，危险废弃物的处置起着至关重要的作用，它不仅影响着人类赖以生存的大自然，更是社会可持续发展的一项基本保障。危险废弃物的管理处置一般由学校、科研单位、检测机构、医疗机构及企业实验室管理员完成，且工作流程几乎相同。本任务主要介绍实验室管理员对危险废弃物的分类收集和管理处置。

任务目标

1. 知道危险废弃物的定义。

2. 能对危险废弃物进行正确分类收集。

3. 能对危险废弃物进行正确管理处置。

![知识学习图标] **知识学习**

一、危险废弃物的定义

危险废弃物又称"危险废物"，简称"危废"。目前对于危险废弃物的定义国际上描述不一，我国《中华人民共和国固体废物污染环境防治法》中规定：危险废物是指列入国家危险废物名录或者根据国家规定的危险废物鉴别标准和鉴别方法认定的具有危险特性的固体废物。危险废弃物具有有毒有害、易燃易爆、放射性及腐蚀性等至少一种特性，可能会对人员、环境等造成损害。实验室危险废弃物指学校、科研院所、检测单位、医疗机构及企业等单位的实验室在科研、教学、检测等活动中产生的危险废物（含废弃化学品、沾染化学品的报废实验工器具）[①]。

二、实验室危险废弃物的分类收集

（一）实验室危险废弃物的分类原则

实验室在对危险废弃物进行分类时主要遵循安全性、可操作性与经济性三大原则。

（二）实验室危险废弃物的分类收集方法

实验室主要根据物质状态和危险特性对危险废弃物进行分类收集，将其投放到指定的容器中。

1.按照物质状态将实验室危险废弃物分为固体废弃物、液态废弃物和其他废弃物三类。

（1）固体废弃物包括：废弃的固态化学药品、沾染了危险化学品的容器及包装物以及其他固体废弃物。如图 2-6-2、图 2-6-3 所示。

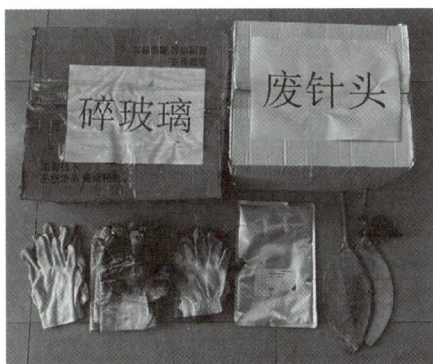

图 2-6-2　实验室固体废弃物分类集中暂存

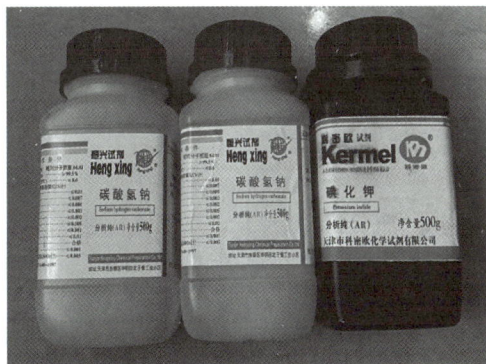

图 2-6-3　化学试剂空瓶回收

---

① 四川省环境保护厅，四川省教育厅. 关于进一步规范全省科研院所、大专院校实验室危险废物管理的通知[Z]. 2018-11-13.

（2）液态废弃物包括：无机废液、有机废液及其他废液。其中，无机废液主要包括酸碱性废液、含氰废液、含重金属（如铅、汞等）废液、含氟废液、含砷废液、含六价铬废液等；有机废液主要包括灯油、轻油等油脂，如氯仿、氯苯等含卤素类有机溶剂及不含卤素类有机溶剂。如图 2-6-4 所示。

（3）其他废弃物是指成分不明、难以区分其形态及无法辨识的实验室废弃物。如图 2-6-5 所示。

图 2-6-4　液态危险废弃物分装仓库

图 2-6-5　标签不全的化学试剂瓶

2. 按照危险特性将实验室危险废弃物分为爆炸性、易燃、助燃、刺激性、有毒和腐蚀性等种类。

三、实验室危险废弃物的储存

（一）暂存

实验室危险废弃物一般存放在实验室固定的危险废物暂存区，应分类单层码放且间隔距离不少于 10 cm，且应配有防遗撒、防渗漏设施。暂存区必须保持通风条件良好，还应远离火源、避免高温和日晒雨淋。实验室管理员必须对实验室危险废弃物的暂存情况进行定期检查并做好记录。

企业固体危废暂存流程　　企业液体危废暂存流程　　实验室液体危废暂存流程

（二）收运贮存

具备建设贮存区条件的单位机构按照《危险废物贮存污染控制标准》（GB 18597—2023）和《危险废物收集贮存运输技术规范》（HJ 2025—2012）的相关要求建设贮存区，

建设前还应取得相应环保手续。收运过程中，须穿戴好防护用具的实验室管理人员和运输人员至少各一人同时在场，并做好转运记录，双方签字确认。转运结束后，应及时清理运输工具。图 2-6-6 所示为液态危险废弃物转运防护工具。

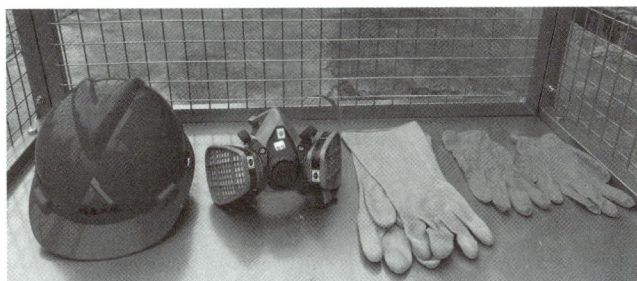

图 2-6-6　液态危险废弃物转运防护工具

（三）危险废弃物的标识

由于危险废弃物的潜在危险因素，危险废弃物的标识必须设置规范准确。

1. 常见危险废弃物的特性标识（图 2-6-7）

反应性固体废物标识　　　有毒标识　　　感染性废物标识　　　腐蚀性标识

图 2-6-7　常见危险废弃物的特性标识

2. 危险废弃物存放场所的标识

实验室危险废弃物存放场所墙面应设置危险废弃物警示标识标牌，暂存区外边界地面应粘贴 3 cm 宽的黄色实线。如图 2-6-8、图 2-6-9 所示。

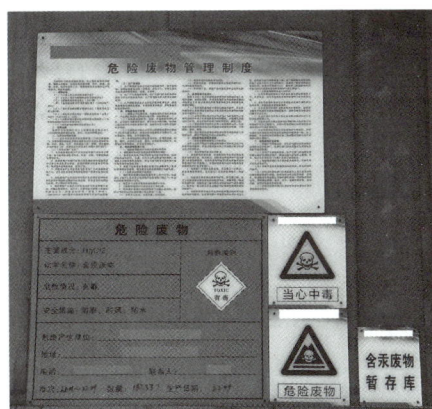

图 2-6-8　危险废弃物存放场所的墙标

图 2-6-9　危险废弃物存放场所的地标

3. 危险废弃物标签的管理

实验室危险废弃物的标签应按《四川省环境保护厅办公室四川省教育厅办公室关于进一步规范全省科研院所、大专院校实验室危险废物管理的通知》的要求统一设计，以使内容完整翔实、准确无误，粘贴方法正确、整齐美观、便于识别。标签应定期检查是否与储存的危险废弃物一致，及时更换内容模糊不清的标签，保持标签完好，不得擅自撕下相应的标签，避免出现错误而引发事故。

4. 盛装废液容器的标识样式（图2-6-10）

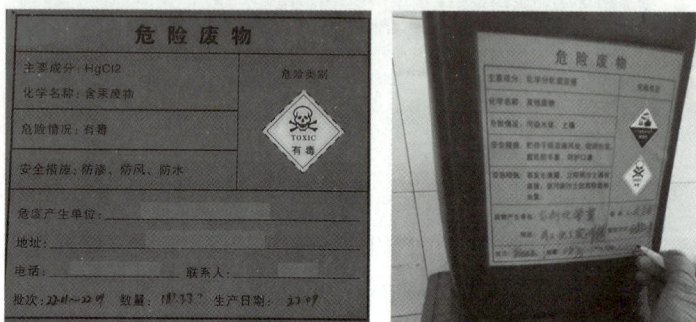

图2-6-10　盛放废液容器的标识样式

（四）危险废弃物的台账管理

实验室危险废弃物应加强台账管理登记工作，实验室台账原则上应做永久保存。实验管理员必须及时如实填写（纸质台账、电子台账）危险废弃物的产生日期、产生时间、主要有害成分、产生危废量、盛装容器（材质与容积）、盛装容器个数、盛装容器编号和存入危废人员签字等信息，严禁弄虚作假，确保实验室安全。见表2-6-1。

表2-6-1　实验室危险化学品废弃物产生环节台账

实验室名称：　　　　实验室地点：　　　　实验室管理人员：　　　　联系电话：

产生日期	产生时间	主要有害成分	产生危废量（kg/mL）	盛装容器（材质与容积）	盛装容器个数	盛装容器编号	存入危废人员签字

注：该表用于产生危险废物实验室登记

四、危险废弃物的处理

实验室固体废弃物和液态废弃物必须按照国家有关规定进行处置，不得随意倾倒、堆放和丢弃，应委托相关具有危险废物经营许可证的单位，对实验室危险废弃物依据存放空间剩余量及废弃物的性质进行处置。气体废弃物处理的方法很多，实验室气体废弃物一般是通过实验室气体净化设备处理后才能排放到空气中，以减少对身体的伤害和环境的污染。图 2-6-11 所示为气体预处理装置。

图 2-6-11　气体预处理装置

企业气体危废处理流程

学以致用

一、标签的制作与粘贴

（一）标签的制作

1.标签的样式模板，如图 2-6-12 所示。

实验室危险废物标签							
			口剧毒	口易燃	口易爆	口高腐蚀	口反应性
口有机废液	口含卤有机废液　口不含卤有机废液						
口无机废液	口含氰废液　口含汞废液 口含重金属废液（不含汞）　口含酸废液 口含碱废液　口其他无机废液						
口固体废物	口废固态化学药品　口废弃包装物、容器 口其他固态废物						
口其他废物							
主要成分（需用中文全称）：							
实验室名称		楼宇房号					
负责人		联系电话					

图 2-6-12　标签的样式模板

2.标签必须规范填写完整，确保信息准确无误。

（二）标签的粘贴

标签的正确与错误粘贴方式，如图2-6-13所示。

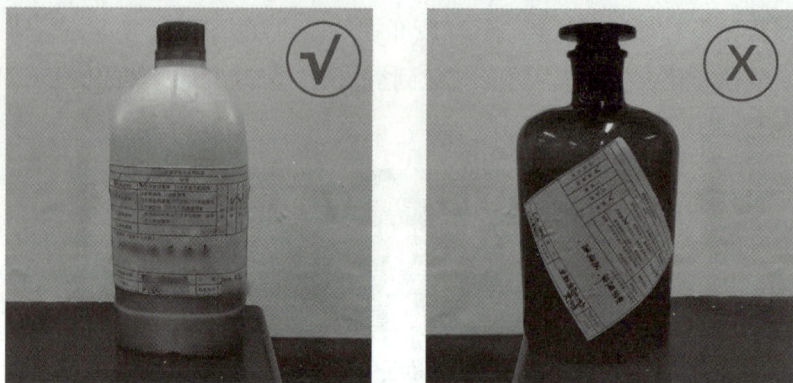

图2-6-13　标签的正确与错误粘贴方式

二、危险废弃物的分类投放

（一）分类投放的原则

按实验危险废弃物的分类收集原则和方法对其进行分类投放，其中废液盛装不宜过满，储存容器应该保留约10%的剩余容积；废弃的药品瓶（包括附有沾染物的空瓶）应口朝上稳固码放于储存容器中，防止泄漏磕碰，并应在储存容器外部标注好朝上的方向标识；特别注意的是能发生化学反应的危险废弃物，即使属于同一类也严禁混合存放，如沾染有硫和氯酸钾的容器虽然都属于固体废弃物，但由于两种沾染物发生氧化还原反应可能造成事故，所以严禁混放。

（二）分类投放的步骤

1.对实验室危险废弃物进行正确分类；

2.将实验室危险废弃物投放到规定容器中；

3.及时密封储存容器，防止实验室危险废弃物泄漏；

4.检查储存容器外部标识与盛放危险废弃物种类是否一致、内容是否完整、信息是否准确等。

延伸拓展

企业案例2

很多人在提及污水时，都会闻"污"色变，然而，污水在经过层层处理后完全可以实现循环再利用，从而达到"零排放"。2018年，浙江水务集团在3月22日即"世界水日"举行公众开放日活动，邀请部分市民亲自走进七格污水处理厂验证生活污水和化工厂废水净化后的效果。市民们发现浙江七格污水处理厂践行了"绿水青山就是金山银山"的环保理念，污水在提标改造后水质变清澈了，还可以用来养鱼，纷纷惊叹不已。据说七格污水处理厂的出水指标已经达到了一级 A 标的水平[①]。如图 2-6-14 所示。

图 2-6-14　浙江七格污水处理厂污水澄清后养鱼

探究活动

请你收集生活中废物利用的小妙招并向同学分享，让我们的生活变得更便捷有趣！

评价量表

我能说出：危险废弃物的定义（　　）

我做得很差	我做得较差	我做得一般	我做得较好	我做得很好
1	2	3	4	5

我能说出：危险废弃物的分类（　　）

我做得很差	我做得较差	我做得一般	我做得较好	我做得很好
1	2	3	4	5

我知道：如何处置危险废弃物（　　）

我做得很差	我做得较差	我做得一般	我做得较好	我做得很好
1	2	3	4	5

---

①　浙江在线. 神奇！杭州这家污水处理厂出来的水能养鱼 [EB/OL]. （2018-03-22）[2022-10-15]. https://www.zjol.com.cn/yuanchuang/201803/t20180322_6858507.shtml.

续表

我成功辨认了：危险废弃物的标识（　　　）

我做得很差	我做得较差	我做得一般	我做得较好	我做得很好
1	2	3	4	5

我填写、粘贴过：危险废弃物的标签（　　　）

我做得很差	我做得较差	我做得一般	我做得较好	我做得很好
1	2	3	4	5

我模拟填写过：危险废弃物的产生环节台账（　　　）

我做得很差	我做得较差	我做得一般	我做得较好	我做得很好
1	2	3	4	5

我知道：违法倾倒危险废弃物的危险性和公共危害性（　　　）

我做得很差	我做得较差	我做得一般	我做得较好	我做得很好
1	2	3	4	5

我认识到：提升大众的安全、环保意识很重要（　　　）

我做得很差	我做得较差	我做得一般	我做得较好	我做得很好
1	2	3	4	5

我认为：我主动阅读了企业案例，并积极参与了课堂活动（　　　）

我做得很差	我做得较差	我做得一般	我做得较好	我做得很好
1	2	3	4	5

任务总结

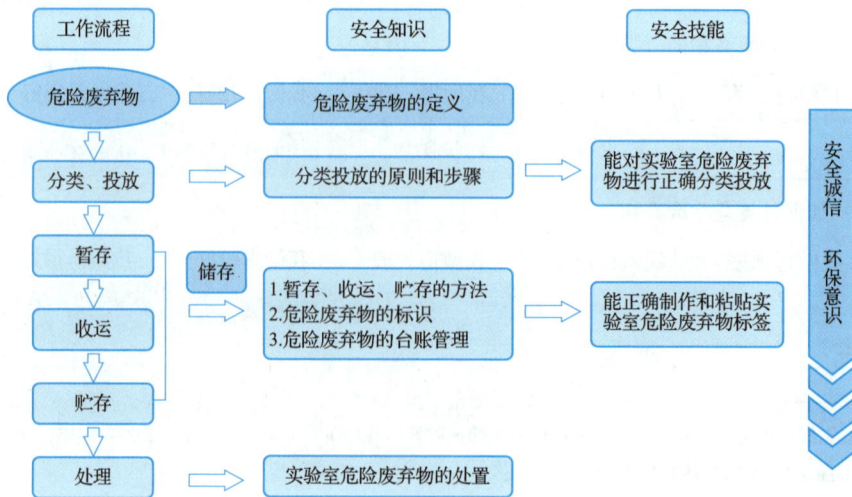

应用练习

在无机化学实验课之后，张老师请你协助他整理实验室的桌面。本次课的实验内容是探究盐酸的酸性，涉及稀盐酸和锌的反应、稀盐酸和三氧化二铁的反应。

1. 实验台废液缸中的废液属于（　　　）。

A. 有机废液　　　　B. 无机废液　　　　C. 其他废液　　　　D. 混合废液

2. 张老师请你将废液缸中的废液倒入废液桶中的操作属于（　　　）。

A. 暂存　　　　B. 收运　　　　C. 贮存　　　　D. 销毁

3. 该废液桶应该张贴以下哪个标识？（　　　）

A. 　　B. 　　C. 　　D.

4. 实验室产生的废液应按照国家有关规定进行处置，不得随意_____、_____和_____，应委托相关具有_____的单位进行处置。

5. 2020 年全国职业院校技能大赛改革试点赛项工业分析检验仪器分析项目要求如下：

> 4. 仪器分析
>
> 考核目标：掌握分光光度法测定工业产品中物质含量的方法。
>
> 具备技能：
>
> （1）按照国家或行业标准，做好仪器分析实验个人安全规范操作；
>
> （2）按照指定测定方案对样品进行测定的能力；
>
> （3）对紫外–可见分光光度计、电子天平等设备的使用能力；
>
> （4）对测定数据的分析处理能力；
>
> （5）实验室的三废处理能力。

请问在技能大赛结束之后，废液应该排入_____，并贴上_____。

6. 思考：实验室"7S"管理与实验室危险废弃物管理处置之间存在什么关系？

_____

_____

模块引入

党的二十大报告中"安全"一词共出现了 91 次，创历年之最，尤其强调"加强重点领域安全建设能力"。然而，无论在日常教学教研活动中，还是在企业实际生产中，我们都不可避免地要接触到各种具有易燃易爆、毒害性和腐蚀性等危险特性的危险化学品。危险化学品在造福人类的同时，又因其具有的危险特性给人类带来了很大的威胁。一些人的不安全行为、物的不安全状态及管理的缺失，常常会造成人员伤亡、财产损失、环境污染等危险化学品事故。所以在化学实验室的管理中，须有相适应的法律法规、规章制度，以及各种技术标准等来规范和约束这些不安全的行为，确保人的行为安全、物的状态安全，以及各项安全管理制度的健全，避免危险化学品事故的发生。

从来都没有无缘无故的事故，几乎在每起安全责任事故背后都有违法行为的存在。如图 3-1 所示，以"北京交通大学 12.26 实验室爆炸事故"为例：2018 年 12 月 26 日，北京交通大学市政环境工程系学生在进行垃圾渗滤液污水处理科研试验时，现场发生爆炸燃烧，事故造成 3 名参与实验的学生死亡，其中两人是博士，一人是硕士[①]。

图 3-1 北京交通大学 12.26 实验室爆炸事故

---

① 央视网. [热线 12] 热线关注 北京交通大学东校区一实验室发生爆炸 [EB/OL]. （2018-12-27）[2023-08-22]. https://tv.cctv.com/2018/12/27/VIDEQ0ZAVSEwZLNutRvz6UpY181227.shtml.

事故调查发现，学校事故实验室科研项目负责人违法违规开展试验、冒险作业，违法违规购买、储存危险化学品，对实验室和科研项目安全管理不到位，是导致事故的重要原因。公安机关对事发科研项目负责人李某某和张某某立案侦查，追究刑事责任。由此可见，在实验室活动中，我们要利用法律赋予的权利保护自己，理直气壮地拒绝违章指挥和强令冒险作业，这就要求我们必须知法、懂法，才能做到守法、用法、不犯法。

本模块旨在让学生通过分析各种危险化学品事故背后的违法行为，学习危险化学品安全管理的相关法律法规、规章制度、技术标准和规范，以及正确检索相适应的最新法律法规和技术标准的方法，能在实验室安全活动中落实安全责任，自觉守好法律底线，坚决做到心中有意识、手中有规范、脚下有安全。

我国危险化学品安全法律法规体系如图3-2所示。

图 3-2　危险化学品安全法律法规体系

模块目标

1. 知道危险化学品相关的法律法规和国家标准。
2. 能在化学实验活动中自觉遵守安全管理相关法律法规和标准。
3. 能正确检索危险化学品安全管理相适用的最新法律法规和标准。

任务一　了解危险化学品安全管理法律法规

任务准备

企业案例1：事故回顾

2018年7月12日，宜宾市江安县阳春工业园区内的宜宾恒达科技有限公司发生爆炸事故，造成19人死亡、12人受伤，直接经济损失4 142余万元。经调查，宜宾恒达科技有限公司在生产咪草烟的过程中，操作人员将无包装标识的氯酸钠当作原料投入反应釜中，导致爆炸物的生成，从而引发爆炸事故[①]。如图3-1-1所示。

图 3-1-1　四川宜宾 7.12 爆炸事故

---

① 央视网. [中国新闻]四川宜宾"7·12"重大爆炸着火事故 [EB/OL]. （2019-02-14）[2023-08-22]. https://tv.cctv.com/2019/02/14/VIDEpKivWWHLQUEyuD9tnWJx190214.shtml.

感知体验

违法行为：

1.事故单位宜宾恒达科技有限公司违反安全生产法律法规相关规定，未批先建、违法建设，非法生产，安全生产教育和培训不到位，不具备安全生产条件，未严格落实企业安全生产主体责任。

2.3家相关合作企业违法违规与不具备安全生产条件和资质的宜宾恒达科技有限公司合作；7家技术服务单位违法违规为宜宾恒达科技有限公司提供设计、施工、监理、评价、设备安装和竣工验收等服务；7家供销相关单位违法违规生产、经营、运输、储存和运输危险化学品，均未落实安全生产主体责任。

3.地方政府和负有安全生产监督管理职责的职能部门未依法履行安全监管责任，监管责任未落实。

依法处置：

依照相关规定，事故相关单位责任人15人被移送司法机关追究刑事责任；公职人员4人接受纪委监委调查，44人被建议给予党纪政务处分和组织处理；其中两名涉案公职人员因未正确履行自己的安全生产监督管理职责被提起公诉，分别被判有期徒刑五年六个月，并处罚金30 000元。

任务概述

当前，我国仍处于工业化进程中由大变强、爬坡过坎的特殊时期，仍有不少人重效益轻安全，违反安全生产法律法规，触底线、碰红线，使危险化学品事故时有发生。经过多年不断完善，我国已经形成了一套较为完整的危险化学品安全管理的法律体系，为危险化学品从业人员安全开展生产经营活动提供了法律依据。党的二十大报告第七章"坚持全面依法治国，推进法治中国建设"中提出了"全面推进科学立法、严格执法、公正司法、全民守法，全面推进国家各方面工作法治化"，还提出了"深入开展法治宣传教育，增强全民法治观念""努力使尊法学法守法用法在全社会蔚然成风"。本任务主要介绍我国现行危险化学品安全管理相关法律法规。

任务目标

1.知道危险化学品安全管理相关法律法规。

2.能在化学实验活动中自觉遵守安全管理相关法律法规和规章。

3.能正确检索危险化学品安全管理相适用的最新法律法规和规章。

知识学习

一、安全生产法

《中华人民共和国安全生产法》(以下简称《安全生产法》)由第九届全国人民代表大会常务委员会第二十八次会议通过,自 2002 年 11 月 1 日起实施。最新的《安全生产法》于 2021 年 6 月 10 日第三次修订,自 2021 年 9 月 1 日起正式施行。《安全生产法》总共七章一百一十九条,是我国安全生产领域的第一大法。

(一)《安全生产法》的立法目的、方针、适用范围和监管机制

1.《安全生产法》的立法目的是加强安全生产工作,防止和减少生产安全事故,保障人民群众生命和财产安全,促进经济社会持续健康发展。

2. 安全生产的方针是安全第一、预防为主、综合治理。安全生产方针解析如图 3-1-2 所示。

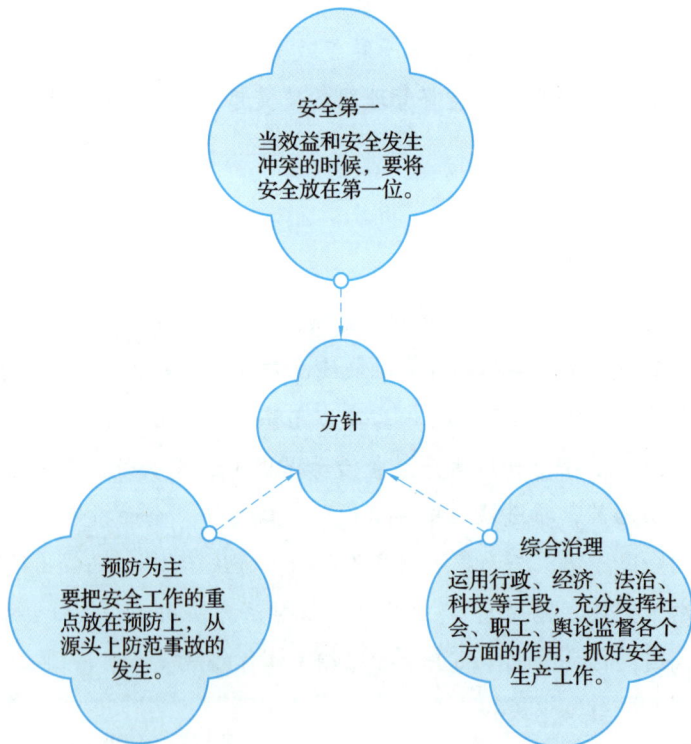

安全第一
当效益和安全发生冲突的时候,要将安全放在第一位。

方针

预防为主
要把安全工作的重点放在预防上,从源头上防范事故的发生。

综合治理
运用行政、经济、法治、科技等手段,充分发挥社会、职工、舆论监督各个方面的作用,抓好安全生产工作。

图 3-1-2　安全生产方针解析图

3.《安全生产法》适用于在中华人民共和国领域内从事生产经营活动的单位。

4. 我国的安全生产工作坚持中国共产党的领导,确立了由企业负责、职工参与、政府监管、行业自律和社会监督的"五位一体"安全管理机制。"五位一体"安全管理机制解

析如图 3-1-3 所示。

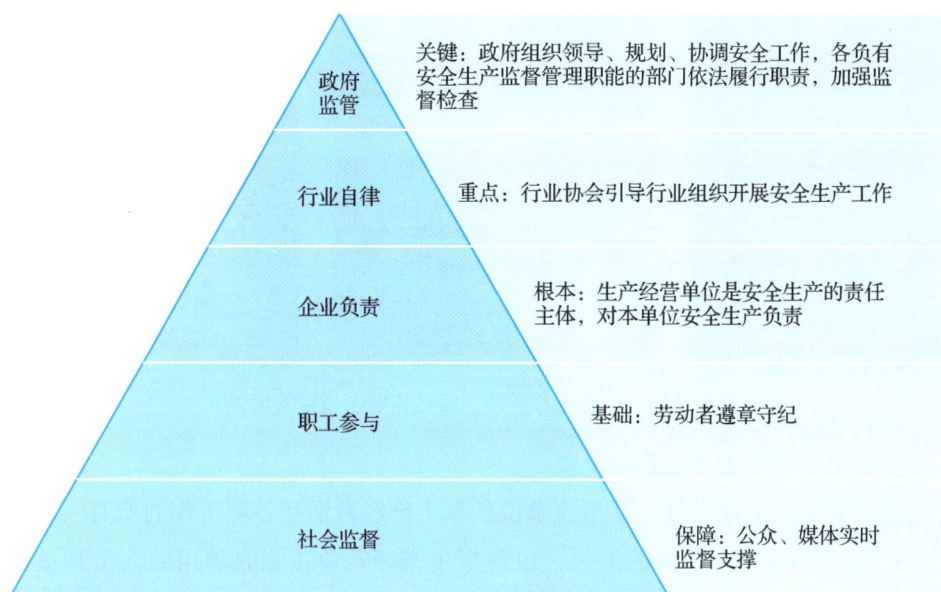

图 3-1-3   "五位一体"安全管理机制解析图

（二）《安全生产法》的主要内容

1. 生产经营单位的安全生产保障

《安全生产法》（图 3-1-4）规定生产经营单位应当具备法律法规和相关技术标准规定的安全生产条件，严格规定了包括企业全员明确落实岗位安全责任，所有从业人员经培训后具备各自岗位安全生产知识和能力的要求，保障安全生产条件必需的资金投入要求，高危行业设置安全生产管理机构或者配备专职安全生产管理人员的要求，安全设施与主体工程建设项目"三同时"的要求，风险分级管控的要求等。图 3-1-5 所示为企业安全生产规章制度。图 3-1-6 所示为安全生产管理、特种作业人员相关证件。

图 3-1-4   《安全生产法》

图 3-1-5   企业安全生产规章制度

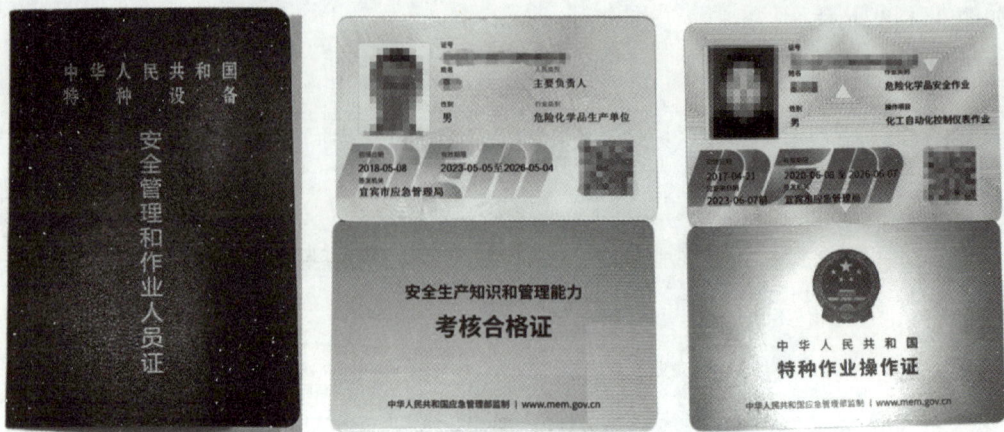

图 3-1-6　安全生产管理、特种作业人员相关证件

2. 从业人员的安全生产权利和义务

生产经营单位的从业人员，是指该单位从事生产经营活动各项工作的所有人员，包括管理人员、技术人员和各岗位的工人，也包括生产经营单位临时聘用的人员和被派遣劳动者。

（1）从业人员享有的主要安全生产权利

《安全生产法》赋予从业人员安全生产的权利有知情权，建议权，批评权，检举权，控告权，拒绝违章指挥和强令冒险作业权，紧急避险权，要求工伤保险待遇和民事赔偿权，使用符合国家标准、行业标准的个人劳动防护用品的权利，接受安全教育培训权。

（2）从业人员应该履行的安全生产义务

从业人员在享有安全生产权利的同时，也应该履行法定的安全生产的义务，包括落实岗位安全生产责任，遵守本单位安全生产规章制度和操作规程，服从管理，接受安全教育和培训，正确佩戴和使用个人劳动防护用品，发现隐患及时上报等义务。

3. 安全生产监督管理

《安全生产法》对地方人民政府和负有安全生产监督管理职责的部门在项目审查批准、严格执法监督检查、建立举报制度、建立安全生产违法行为信息库等方面作了详细的规定。

4. 生产安全事故的应急救援与调查处理

《安全生产法》从加强国家安全事故应急能力建设，各层级应急救援体系的建设，事故救援、上报、调查的要求等方面做了详细的规定。

安全生产责任事故根据事故造成的死亡人数、重伤人数或经济损失，把事故分为四个等级：一般事故、较大事故、重大事故、特别重大事故。见表 3-1-1。

表 3-1-1　事故等级划分标准表

事故等级	死亡人数	重伤人数	经济损失
一般事故	小于 3 人	小于 10 人	小于 1 000 万元
较大事故	3~9 人	10~49 人	1 000 万 ~5 000 万元
重大事故	10~29 人	50~99 人	5 000 万 ~1 亿元
特别重大事故	30 人及以上	100 人及以上	1 亿元及以上

（三）法律责任

《安全生产法》针对不同的对象，包含从业人员、安全管理人员、主要负责人、生产经营单位、公职人员以及负有安全生产监督管理职责的部门等，在未按法律规定履行好安全生产职责、有违反安全生产的行为时，对其追究相应的安全生产责任和处罚提供了法律依据。

二、危险化学品安全管理条例

国务院令第 344 号《危险化学品安全管理条例》（图 3-1-7），自 2002 年 3 月 15 日起施行。该条例于 2013 年 12 月 4 日第二次修正。本条例适用于危险化学品生产、储存、使用、经营和运输的安全管理。

（一）危险化学品的定义

在《危险化学品安全管理条例》中，危险化学品是指具有毒害、腐蚀、爆炸、燃烧、助燃等性质，对人体、设施、环境具有危害的剧毒化学品和其他化学品。危险化学品主要收录在现行的《危险化学品目录（2015 版）》（图 3-1-8）中，对于混合物和未列入《危险化学品目录》的危险化学品，我国实行危险化学品登记制度和鉴别分类制度。

图 3-1-7　《危险化学品安全管理条例》

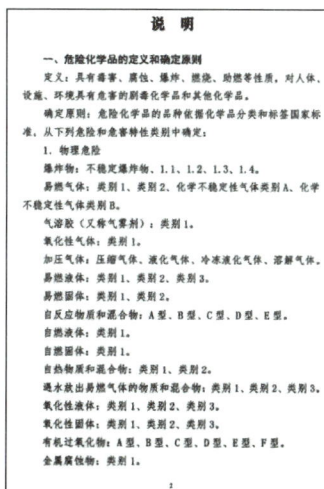

图 3-1-8　《危险化学品目录（2015 版）》

（二）各部门职责

根据"管行业必须管安全，管业务必须管安全，管生产经营必须管安全"的三管三必须原则，《危险化学品安全管理条例》中明确规定了各职能部门在危险化学品安全管理中所承担的安全生产职责。图 3-1-9 所示为职能部门安全管理组织结构图。

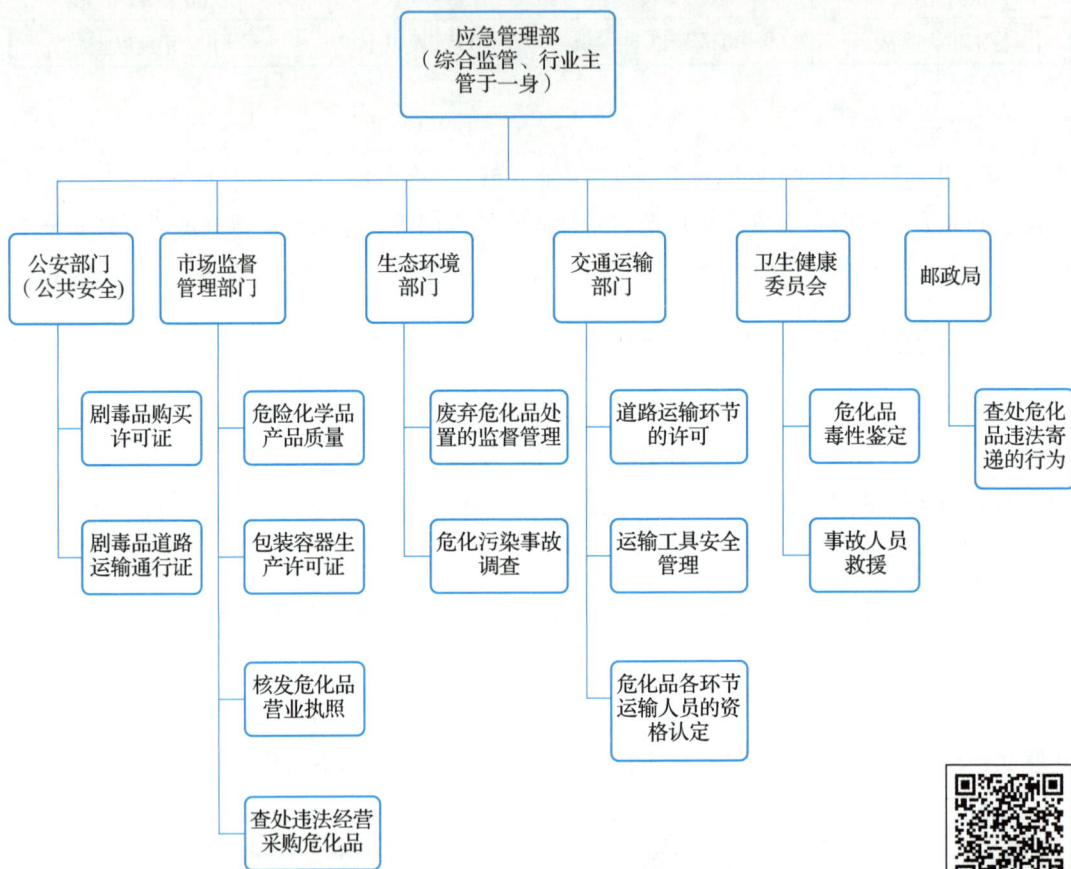

图 3-1-9　职能部门安全管理组织结构图

（三）许可和备案制度

《危险化学品安全管理条例》规定，危险化学品的生产、经营、储存、运输和使用均需取得相关许可证；剧毒化学品的购买、运输需到公安机关取得剧毒化学品购买许可证和道路运输通行证；从业人员须经考核合格，方可上岗作业。危化品运输车辆及相关从业资格证如图 3-1-10 所示。

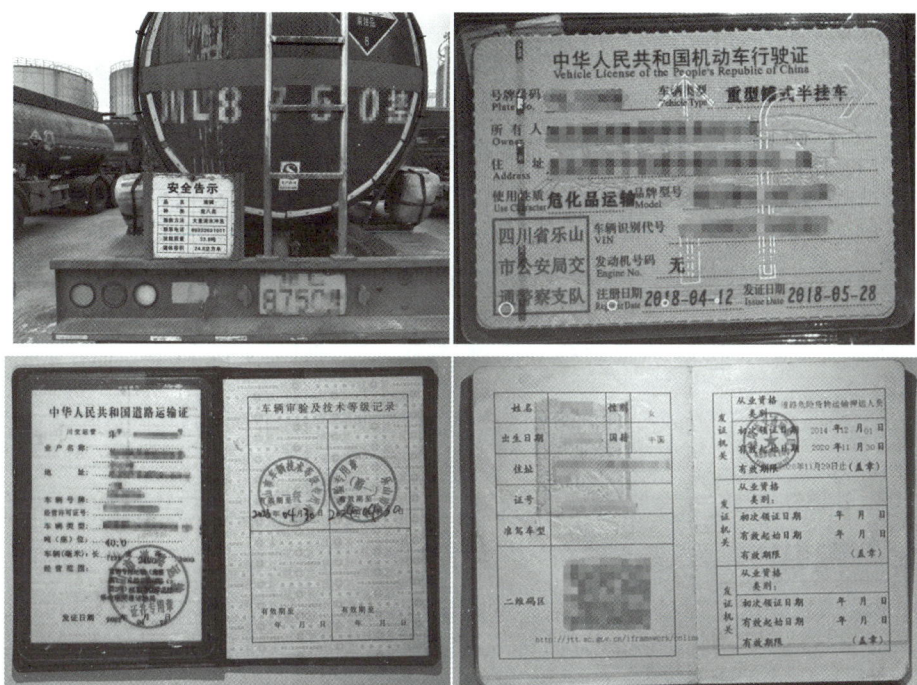

图 3-1-10　危化品运输车辆及相关从业资格证

危险化学品企业应委托具备资质的机构，每3年进行一次安全评价，编制《安全评价报告》并将其报有安全生产监督管理职能的部门备案；构成重大危险源的须报公安和应急管理部备案；危险化学品相关单位转产、停产、停业的，必须将对遗留危化品的处置方案报所在地区的市级人民政府负责危险化学品安全监督综合工作的部门和同级环境保护部门、公安部门备案；危险化学品单位应制定本单位应急预案，并到应急管理部备案。

（四）危险化学品安全管理要求

1. 生产、储存安全管理

政府职能部门：对危化品的生产和储存实行统筹规划、合理布局，其选址与一些重点场所、设施、区域的距离应符合国家有关规定；对其建设项目进行安全条件审查，严格行业准入。

生产经营单位：危化品生产、储存企业要配备必要的符合国家标准、行业标准的安全设备设施（图 3-1-11），对企业设备设施的安全负责，设置明显的标志，并定期检查、检测，经常性地维护，保证安全设备、设施的正常使用；为生产的产品提供化学品安全技术说明书和化学品安全标签（一书一签），如图 3-1-12 所示，并定期修订；对危化品的包装须符合法律法规及技术标准的要求；危化品的储存单位应有专人管理，建立出入库核查、登记制度，对涉及公共安全的危化品还需采用更为严格的"五双管理制度"等。

图 3-1-11　安全设备设施

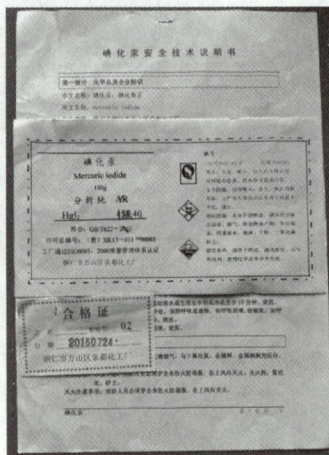

图 3-1-12　危险化学品"一书一签"

2. 危险化学品使用安全管理

《危险化学品安全管理条例》规定，危险化学品使用单位需具备法律法规和相关技术标准规定的危化品安全使用条件；建立、健全和落实安全使用危化品的规章制度和操作规程；须设置安全管理机构，并配备专职安全管理人员；编制本单位应急预案，并配备必要的应急救援设备；须向具有危化品生产、经营许可的企业购买危险化学品等。图 3-1-13所示为危险化学品规范操作。

图 3-1-13　危险化学品规范操作

3. 危险化学品经营安全管理

《危险化学品安全管理条例》规定，未经许可，任何单位和个人不得经营危险化学品；从硬件设施、人员配置、制度管理上均须具备法律法规和技术标准规定的危化品安全经营的条件；须向具有危化品生产、经营许可的企业采购危化品；经营的危险化学品必须具有"一书一签"；剧毒品购买前须到公安机关申请并取得购买许可证，其销售企业和购买单位均须在销售、购买后 5 天内到公安机关备案，并保留销售、使用记录至少 1 年。

4. 危险化学品的运输安全管理

（1）承运单位：须取得交通运输部门核发的危险化学品运输许可；须配备专职安全管理人员，从事危险化学品运输相关的驾驶员、押运员、船员、装卸人员等均须取得交通运输主管部门核发的从业资格证；危险化学品运输工具需配备与运输危化品相适应的安全防护装置；运输过程中要保证危化品随时处于押运员的监控下，如遇紧急情况要立即报告当地公安机关；禁止通过内河封闭水域运输剧毒化学品。

（2）托运人：须委托具有危险化学品运输许可的企业运输危化品；托运人应告知承运人所托运货物的种类、数量、危险特性以及发生危险情况的应急处置措施，并妥善包装、张贴标志；不得在普通货物中夹带危险化学品托运，或将危险化学品谎报为普通货物托运；任何单位和个人不得交寄危险化学品，邮政企业、快递企业也不得收寄危险化学品。

学以致用

一、使用"国家法律法规数据库"查询法律法规

国家法律法规数据库于 2021 年 2 月 24 日正式上线，免费面向公众开放。该数据库由全国人大常委会办公厅建立并维护，目前登载了中华人民共和国的宪法、法律、行政法规、监察法规、地方性法规以及司法解释，涵盖了中国特色社会主义法律体系的主要内容。用户可以通过网页和小程序两种方式访问。

以网页查询、下载《易制毒化学品管理条例》为例。

（一）登录网站 https://flk.npc.gov.cn/，进入国家法律法规数据库首页，如图 3-1-14 所示；

图 3-1-14　进入国家法律法规数据库首页

（二）在检索条中输入关键词"易制毒化学品管理条例"，再单击右侧的检索按钮，通过关键词对相关的法律法规进行检索，检索结果会通过列表的形式展示在网页上，如图3-1-15所示；

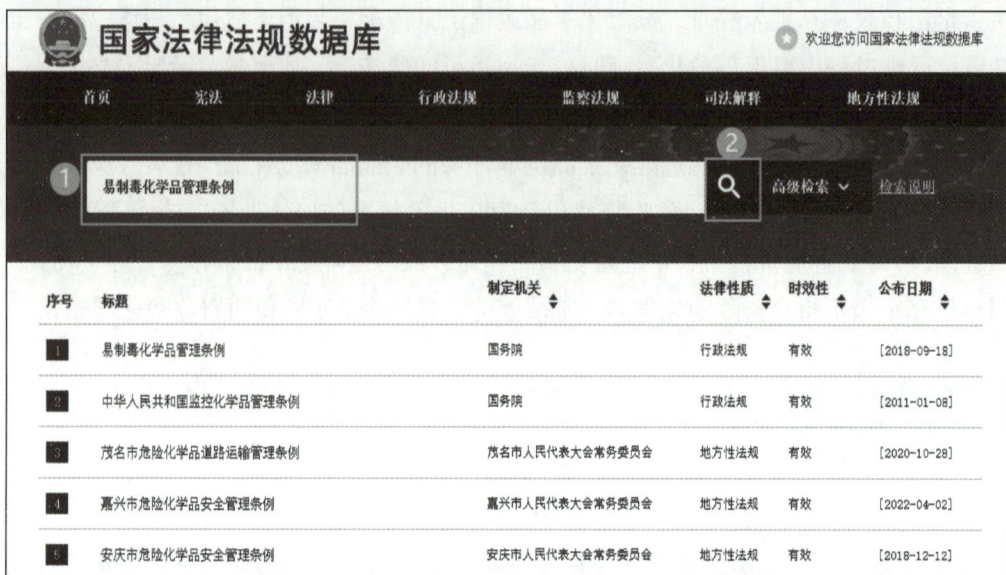

图 3-1-15　检索"易制毒化学品管理条例"

还可以通过高级检索进行精确查询。单击"高级检索"按钮进行高级检索设置，在弹出的对话框中勾选"有效"复选框，单击"确定"按钮进行精确筛选，如图3-1-16所示；

图 3-1-16　高级检索"易制毒化学品管理条例"

（三）单击列表中查询到的法律法规条款，进入具体内容页，预览正文，如图 3-1-17 所示；

图 3-1-17　预览正文

（四）进入详情页后，单击"下载"按钮，可以将法律法规文件下载到本地文件夹；也可通过手机扫描二维码进行下载，如图 3-1-18 所示。

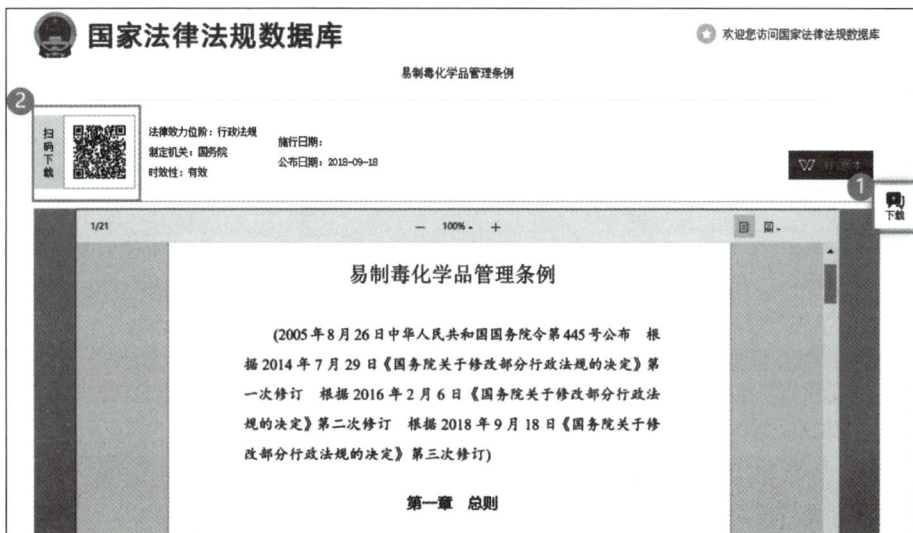

图 3-1-18　下载正文

二、使用"中国政府网"查询国家政策文件

"中国政府网"网站"最新政策"栏目第一时间权威发布国务院重要政策文件，栏目中的国务院政策文件库可以检索国家政策文件。用户可以通过网页和小程序两种方式访问。

以网页查询、保存《危险废物转移管理办法》为例。

查询法律法规操作演示

（一）登录网站 http://www.gov.cn/，进入"中国政府网"，下拉后单击"国务院政策文件库"按钮进入检索网页，如图 3-1-19 所示；

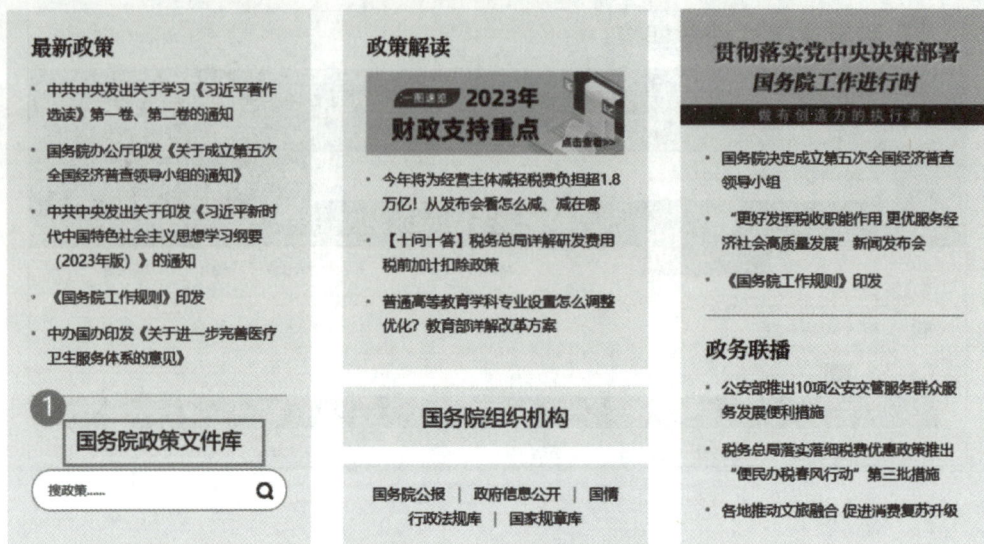

图 3-1-19　进入中国政府网

（二）在检索条中输入关键词"危险废物转移管理办法"，再单击右侧检索按钮，可以通过关键词来检索相关的政策文件，如图 3-1-20 所示，检索结果会通过列表的形式展示在网页上；

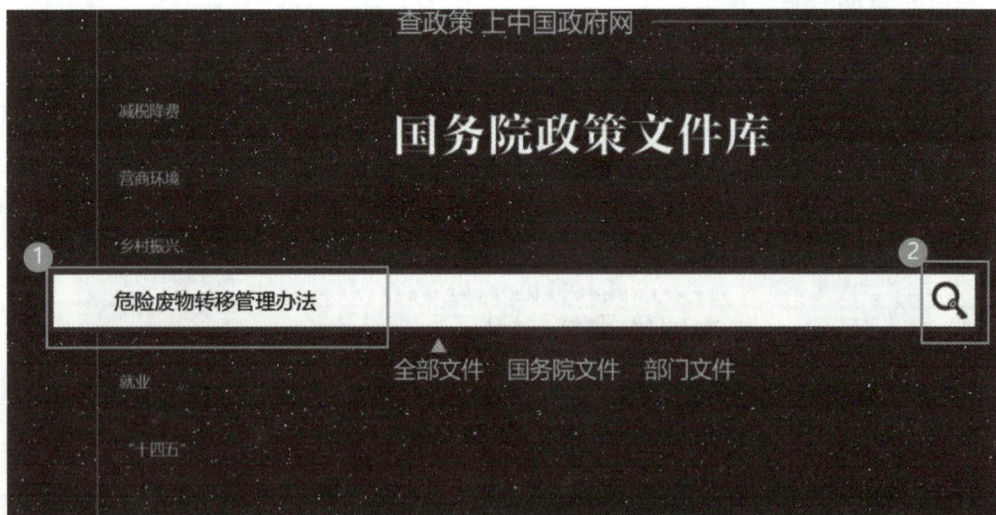

图 3-1-20　检索"危险废物转移管理办法"

（三）单击列表中查询到的政策文件，进入具体内容页，预览正文，如图 3-1-21 所示；

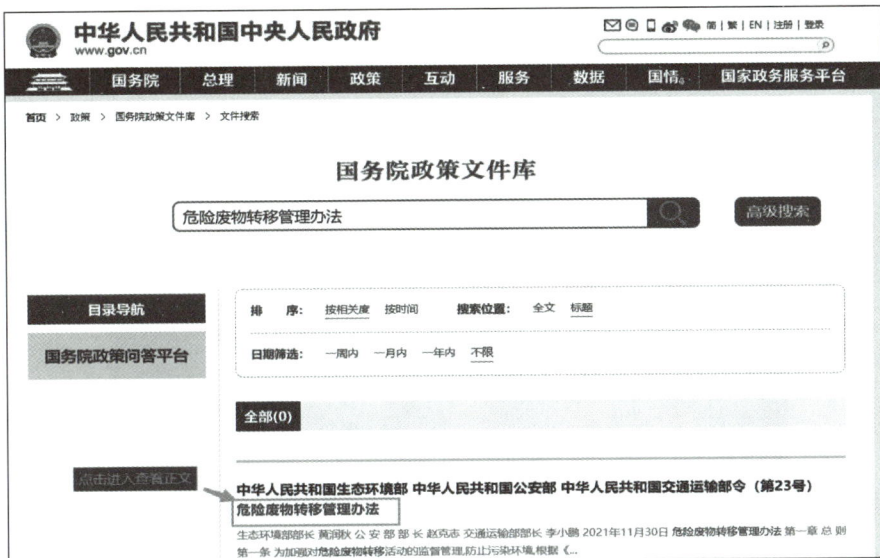

图 3-1-21　预览正文

（四）网站暂未开放文件下载功能，但可以复制、保存正文，如图 3-1-22 所示。

图 3-1-22　复制、保存正文

延伸拓展

企业案例2

　　美国杜邦公司是世界 500 强、全球第二大化工企业，从 1802 年成立至今已有 200 多年的历史，被视为安全管理的全球标杆。作为一个以生产黑色

查询政策文件
操作演示

炸药起家的高危企业，杜邦公司前100年经历了大大小小安全生产责任事故，面临即将破产的窘境；后100年，杜邦公司在沉沦中崛起，逐渐形成了一种独特的企业文化——"安全"，并且形成了完整的安全体系。杜邦在1994年设定了"零目标"，务求在21世纪实现工伤、职业病及环保事故的零记录。杜邦还将其先进的安全系统和管理制度引入在华投资企业，并取得了良好的成绩。1993年，上海杜邦农化有限公司160万工时无意外，成为世界最佳安全记录之一[①]。图3-1-23所示为杜邦公司安全生产管理。

图3-1-23　杜邦公司安全生产管理

评价量表

我能说出：我国安全生产第一大法的名称（　　　）

我做得很差	我做得较差	我做得一般	我做得较好	我做得很好
1	2	3	4	5

我能说出：危险化学品安全管理的法规名称（　　　）

我做得很差	我做得较差	我做得一般	我做得较好	我做得很好
1	2	3	4	5

我知道：如何查阅危险化学品安全管理相关法律法规和政策文件（　　　）

我做得很差	我做得较差	我做得一般	我做得较好	我做得很好
1	2	3	4	5

---

① 中国安全生产网. 杜邦是如何做企业安全管理的？[EB/OL].（2015-02-17）[2023-08-27]. https://mp.weixin.qq.com/s/L5uCqslkRztHOgFfcsDF4A.

续表

我成功查阅过：某一个危险化学品安全管理方面的法律法规（　　）

我做得很差	我做得较差	我做得一般	我做得较好	我做得很好
1	2	3	4	5

我成功查阅过：某一个危险化学品安全管理方面的政策文件（　　）

我做得很差	我做得较差	我做得一般	我做得较好	我做得很好
1	2	3	4	5

我知道：违反危险化学品安全管理法律法规的危害性（　　）

我做得很差	我做得较差	我做得一般	我做得较好	我做得很好
1	2	3	4	5

我认识到：学习并运用危险化学品安全管理相关法律法规很重要（　　）

我做得很差	我做得较差	我做得一般	我做得较好	我做得很好
1	2	3	4	5

我认为：我主动阅读事故案例，并积极参与课堂讨论（　　）

我做得很差	我做得较差	我做得一般	我做得较好	我做得很好
1	2	3	4	5

任务总结

安全知识

《安全生产法》
1.《安全生产法》的立法目的、方针、适用范围和监管机制
2.《安全生产法》的主要内容
3.法律责任

危险化学品安全管理条例
1.危险化学品的定义
2.各部门职责
3.许可和备案制度
4.危险化学品安全管理要求

安全技能

使用"国家法律法规数据库"查询法律法规

使用"中国政府网"查询国家政策文件

法律意识　安全发展

125

应用练习

1. 危险化学品是指具有_____、_____、_____、燃烧、助燃等性质，对人体、设施、环境具有危害的剧毒化学品和其他化学品。

2. 下列不属于"五双管理制度"的选项是（　　）。

A. 双人购买　　　　B. 双人验收　　　　C. 双人保管　　　　D. 双人领取

3. 某职业技术学校三年级学生小强在一个化工厂实习，发现可燃气体报警器报警后，企业管理人员仅仅是把报警装置的电源关掉，在未采取任何处置措施的情况下，让员工和实习生们继续工作避免影响生产效率。企业管理人员的做法是否正确？为什么？

任务二　了解危险化学品相关标准

任务准备

企业案例：事故回顾

2021 年 3 月 8 日，浙江杭州萧山区应急管理局执法人员对浙江某控股集团有限公司开展执法检查，在检查过程中发现一紧邻公司员工宿舍的仓库内堆放了大量危险化学品，内有满瓶二氧化碳、氧气、乙炔、混合气体、氮气等气瓶共计 176 瓶，如图 3-2-1 所示。且该宿舍楼里日常居住 20 余人，其中有一名 4 岁男孩，一旦发生爆炸，后果不堪设想。该仓库存在重大事故隐患，具有发生重大伤亡事故的现实危险①。

图 3-2-1　员工宿舍旁仓库内堆放大量危险化学品

---

① 央视新闻. 涉嫌危险作业罪！两起安全生产行刑衔接典型执法案例公布 [EB/OL]. （2021-03-19）[2023-08-24]. https://baijiahao.baidu.com/s?id=1694636288151248605&wfr=spider&for=pc.

感知体验

违法行为：

该公司并未取得带有储存设施的危险化学品经营许可证；该公司仓库电气设备无防爆措施，未安装可燃气体监测报警装置，员工宿舍与危险化学品仓库未达到安全距离等，仓库不具备存放危险化学品的安全条件；违反了国家标准《危险化学品仓库储存通则》（GB 15603—2022）里的相关规定。

该公司实际负责人余某某违反了《中华人民共和国刑法》第一百三十四条的规定，涉嫌危险作业罪。

依法处置和奖励：

最终依照相关规定，执法人员当即采取措施，开具现场处理措施决定书，责令该公司立即停止生产作业，并第一时间对上述气瓶进行扣押，由专门车辆转运至安全地带。随后当地公安机关对该案进行刑事立案，并在2021年3月9日对企业主要负责人余某某以涉嫌危险作业罪进行刑事拘留。6月9日上午，余某某涉嫌危险作业案在区人民法院公开开庭审理，被告人余某某被判处有期徒刑六个月，缓刑一年。

杭州市应急管理局对在查处重大违法案件工作中成绩突出的萧山区应急管理局安全生产基础科及个人给予了嘉奖。

任务概述

法律法规一般都有一定的原则性和稳定性，它既不可能朝令夕改，也不可能把社会中每一种情况都规定得十分详细。因此，我们需要通过制定标准来具体化各种情况，充分发挥标准的灵活性和主动性来使法律法规的相关规定得到有效落实，同时满足社会发展过程中的急需情况，成为法律规范的有益补充。《安全生产法》中也明确规定国务院有关部门要负责安全生产强制性国家标准的项目提出、组织起草、征求意见和技术审查，同时对安全生产强制性国家标准的实施进行监督检查；生产经营单位要加强安全生产标准化建设。"学标准、懂标准、用标准"对进一步提升安全管理水平至关重要。本任务主要介绍我国现行危险化学品相关标准。

任务目标

1. 知道我国标准的分类。

2. 能在化学实验活动中自觉遵守安全管理相关标准。

3. 能正确检索、学习危险化学品安全管理相关标准。

知识学习

一、标准的分类

（一）按适用范围分类

我国标准按其适用范围分类，可分为国家标准、行业标准、地方标准和企业标准四类，如图 3-2-2 所示。

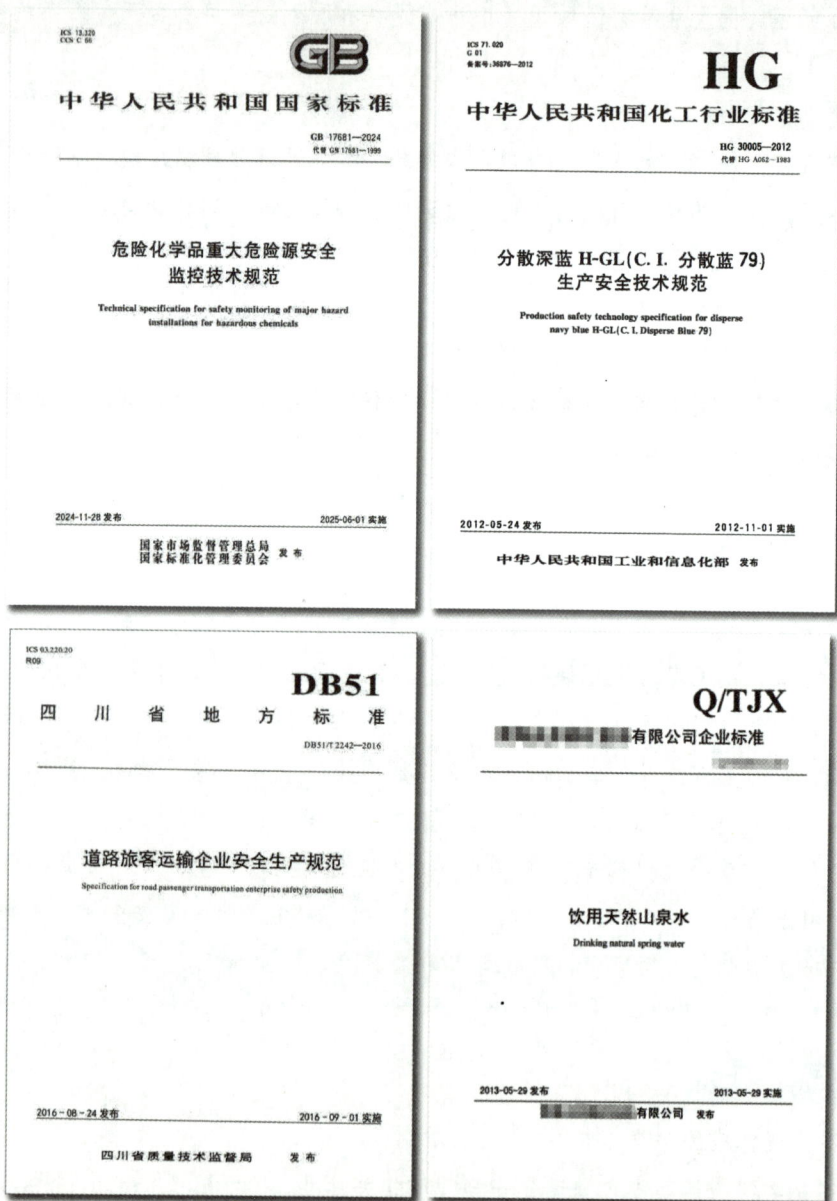

图 3-2-2　国家标准、行业标准、地方标准和企业标准

（二）按约束力分类

我国标准按其约束力分类，可分为强制性标准、推荐性标准和指导性技术文件三类。

1. 强制性标准：是指根据普遍性法律规定或法规中的唯一性引用加以强制应用的标准。

2. 推荐性标准：是指除强制性标准范围以外的标准。

3. 指导性技术文件：是一种推荐性标准化文件。

比如，国家标准分为强制性国家标准（GB）和推荐性国家标准（GB/T），还有国家标准化指导性技术文件（GB/Z），如图 3-2-3 所示。

ICS 13.100
C 65

GB

中 华 人 民 共 和 国 国 家 标 准

GB 30871—2022
代替 GB 30871—2014

ICS 91.100.10
Q 11

GB

中 华 人 民 共 和 国 国 家 标 准

GB/T 29422—2012

ICS 03.120.10
A 00

GB

中华人民共和国国家标准化指导性技术文件

GB/Z 30006—2013

图 3-2-3　不同约束力国家标准的代号

二、危险化学品相关标准

（一）危险化学品生产、经营相关标准

我国的法律法规明确规定了危险化学品生产经营单位应满足有关规定，具备安全生产经营的条件。这些具体的规定主要来自相关国家标准、行业标准和地方标准，有一些通用的标准，如《危险化学品生产装置和储存设施风险基准》（GB 36894—2018）、《危险化学品经营企业安全技术基本要求》（GB 18265—2019）、《危险化学品生产装置和储存设施外

部安全防护距离确定方法》（GB/T 37243—2019）等。也有一些对具体生产行业系统的设计和操作、某种化工产品生产的技术规范，如《用于煤矿安全生产与监控及应急救援的信息系统总体技术要求》（GB/Z 41296—2022）等。

（二）危险化学品储存相关标准

我国既有对危险化学品储存的普遍适用标准，如《危险化学品仓库储存通则》（GB 15603—2022），它主要从危险化学品储存活动的入库、在库储存、出库、装卸搬运与堆码、个体防护、安全管理、人员与培训等方面做了详细的规定；也有对不同类型危险化学品储存的特殊规范标准，如《气瓶搬运、装卸、储存和使用安全规定》（GB/T 34525—2017）、《特种气体储存期规范》（GB/T 26571—2011）等。

（三）危险化学品运输相关标准

在危险化学品运输方面，我国制定了危险货物运输车辆标志的标准，如《道路运输危险货物车辆标志》（GB 13392—2005）；也制定了对危险货物运输车辆基本要求、特殊种类危险化学品运输车辆特殊要求的标准，如《危险货物运输车辆结构要求》（GB 21668—2008）、《道路运输液体危险货物罐式车辆 第 1 部分：金属常压罐体技术要求》（GB 18564.1—2019）等；还有对危险货物危险特性检验的通用规则，以及一些特殊危险货物特性检验的专用规则，如《危险货物危险特性检验安全规范通则》（GB 19458—2004）、《气体混合物危险货物危险特性检验安全规范》（GB 19521.9—2004）等。

（四）危险化学品包装相关标准

在危险化学品包装方面，有对危险货物包装标志的规定，如《危险货物包装标志》（GB 190—2009）；有对道路运输危险货物的包装检验安全规定，如《公路运输危险货物包装检验安全规范》（GB 19269—2009）；还有对危险货物运输包装规范的通用规则以及针对特殊危险货物的特殊要求，如《危险货物运输包装通用技术条件》（GB 12463—2009）、《危险化学品有机过氧化物包装规范》（GB 27833—2011）等。

（五）其他危险化学品管理的通用标准

我国除制定上述几方面的标准外，还制定了一些在危险化学品安全管理上的通用性强制国家标准，如有关于危险化学品分类的标准《危险货物分类和品名编号》（GB 6944—2012），有规范特殊作业的标准《危险化学品企业特殊作业安全规范》（GB 30871—2022），有进行重大危险源辨识的标准《危险化学品重大危险源辨识》（GB 18218—2018），还有危险化学品事故应急救援配置要求的标准《危险化学品单位应急救援物资配备要求》（GB 30077—2023）。

学以致用

使用"国家标准化管理委员会"官网查询学习相关标准

国家标准化管理委员会官网由国家标准化管理委员会主办。网站提供全国标准信息服务平台，公开了包括国家标准、行业标准、地方标准在内的大部分标准的信息。用户可以通过网页和小程序两种方式查询学习。

下面以网页查询学习《危险化学品仓库储存通则》为例。

（一）登录网站 https://www.sac.gov.cn/，进入"国家标准化管理委员会"首页，下拉到服务版块单击"全国标准信息公共服务平台"，如图 3-2-4 所示；

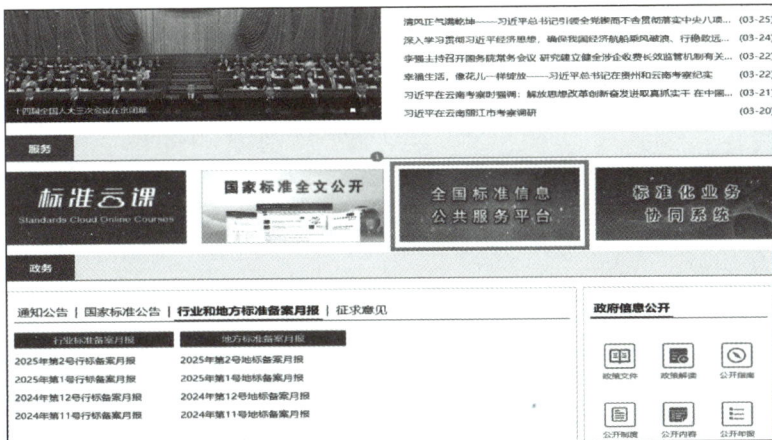

图 3-2-4　进入"国家标准化管理委员会"首页

（二）进入"全国标准信息公共服务平台"页面，在"标准"查询版块的检索条中输入关键词"危险化学品仓库储存通则"，再单击右侧"检索"按钮，可以通过关键字词对标准进行检索，检索结果通过列表的形式展示在网页上，如图 3-2-5 所示；

图 3-2-5　检索"危险化学品仓库储存通则"

（三）单击列表中检索到的标准，进入标准信息页，如图 3-2-6 所示；

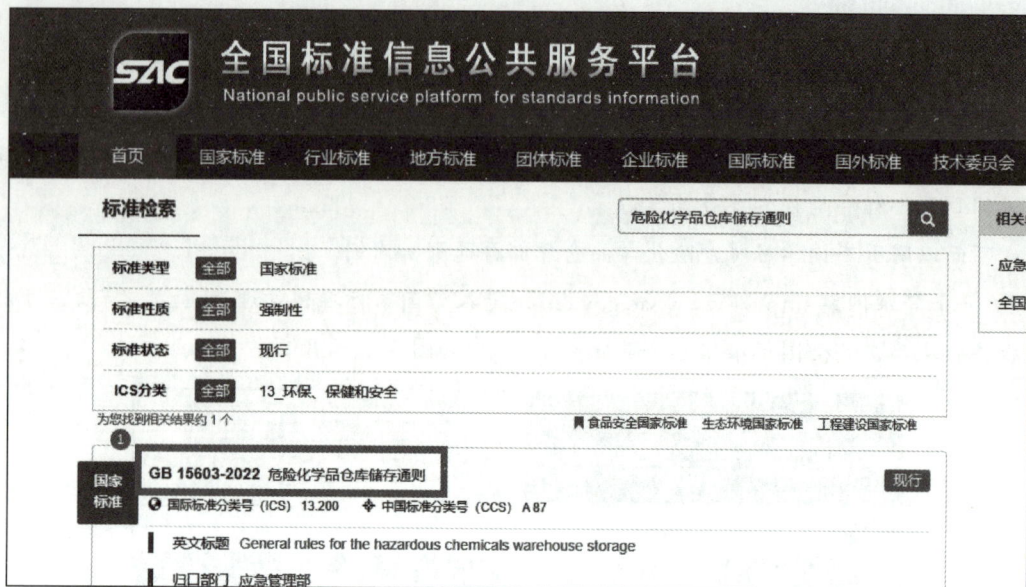

图 3-2-6　进入标准信息页

（四）在标准信息页，单击"查看文本"按钮，如图 3-2-7 所示。

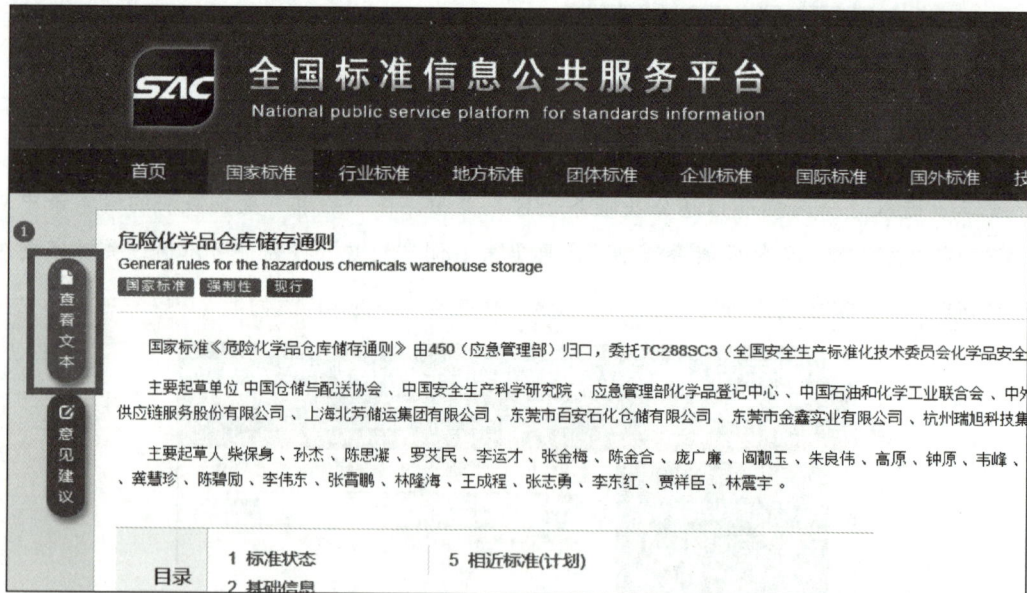

图 3-2-7　查看文本

（五）在标准信息页，单击"在线预览"按钮，可以在线阅读学习标准正文；单击"下载标准"按钮，可以将标准下载、保存到本地文件夹进行学习，如图3-2-8所示。

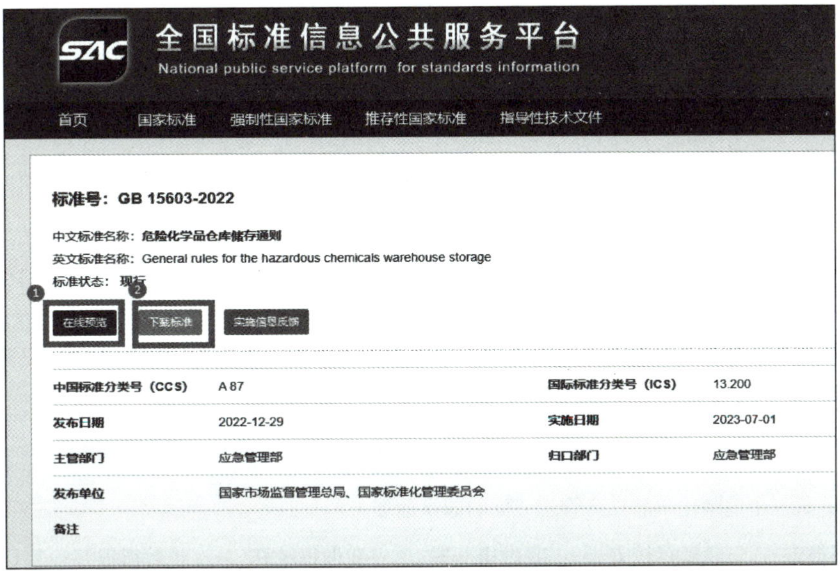

图 3-2-8　在线预览与下载标准

查询国家标准操作演示

延伸拓展

中国石油大连石化分公司从2011年到2018年期间发生过多起人员伤亡和财产损失的责任事故。大连石化正视自身存在的问题，推动标准化建设工作，于2019年7月启动了标准化建设项目，并邀请中国化学品安全协会担任其标准化建设工作培育指导方，推进安全生产标准化建设，打造本质安全型企业。经过三年努力，大连石化安全环保责任体系更加完善，健全了覆盖企业生产全过程的QHSE制度标准，使过程风险识别、管控能力增强，完善了预防、控制事故发生的长效机制。

安全小贴士

QHSE是指在质量（Quality）、健康（Health）、安全（Safety）和环境（Environment）方面指挥和控制组织的管理体系。

评价量表

我能说出：标准按照适用范围可以分为哪几类（　　　）

我做得很差	我做得较差	我做得一般	我做得较好	我做得很好
1	2	3	4	5

我能说出：一些危险化学品相关标准名称（　　　）

我做得很差	我做得较差	我做得一般	我做得较好	我做得很好
1	2	3	4	5

我知道：如何查阅危险化学品安全管理相关标准（　　　）

我做得很差	我做得较差	我做得一般	我做得较好	我做得很好
1	2	3	4	5

我成功查阅过：某一个危险化学品安全管理方面的国家标准（　　　）

我做得很差	我做得较差	我做得一般	我做得较好	我做得很好
1	2	3	4	5

我成功查阅过：某一个危险化学品安全管理方面的行业标准（　　　）

我做得很差	我做得较差	我做得一般	我做得较好	我做得很好
1	2	3	4	5

我知道：执行标准与安全生产的关联（　　　）

我做得很差	我做得较差	我做得一般	我做得较好	我做得很好
1	2	3	4	5

我认识到：学习运用危险化学品安全管理相关标准的重要性（　　　）

我做得很差	我做得较差	我做得一般	我做得较好	我做得很好
1	2	3	4	5

我认为：我主动阅读企业案例，分析其违反强制性标准的行为，并积极参与课堂讨论（　　　）

我做得很差	我做得较差	我做得一般	我做得较好	我做得很好
1	2	3	4	5

任务总结

安全知识

安全技能

标准的分类
1.按适用范围分类
2.按约束力分类

危险化学品相关标准
1.危险化学品生产、经营相关标准
2.危险化学品储存相关标准
3.危险化学品运输相关标准
4.危险化学品包装相关标准
5.其他危险化学品管理的通用标准

使用"国家标准化管理委员会"官网查询学习相关标准

标准意识　安全发展

应用练习

1. 标准可以使＿＿＿＿＿得到有效落实，同时满足社会发展过程中的急需情况，成为法律规范的有益补充。

2. 下列哪种标准不是按照约束力进行分类的？（　　）

A.强制性标准　　　B.行业标准　　　C.推荐性标准　　　D.指导性技术文件

3. 图3-2-9所示为某危险化学品库房，你从中能看到哪些违反国家标准的情况？请通过查阅《危险化学品仓库储存通则》（GB 15603—2022），试着说一说。

图3-2-9　某危险化学品库房

参 考 文 献

［1］邵国成，张春艳. 实验室安全技术［M］. 北京：化学工业出版社，2016.

［2］李志刚，王桂梅，张一帆. 实验室安全技术［M］. 北京：化学工业出版社，2022.

［3］刘景良. 化工安全技术［M］. 北京：化学工业出版社，2019.

［4］常小玲."产出导向法"的教材编写研究［J］. 现代外语，2017，40（3）：359-368+438.

［5］钱扬义，王祖浩. 国内外初中化学教材编写的比较研究［J］. 化学教育，2003，（3）：8-11+48.

［6］李健，李海东. 重大主题教育进中小学数学教材：现实意义、基本遵循与实践进路［J］.课程.教材.教法，2023，43（3）：96-102. DOI：10.19877/j.cnki.kcjcjf.2023.03.014.

［7］王丹丹. 职业教育"课程思政"研究现状与展望［J］. 中国职业技术教育，2020，（5）：46-51.

［8］郑春龙，李五一. 中外高校实验室安全教育教材建设的比较［J］. 实验室研究与探索，2011，30（11）：181-184.

［9］李政. 职业教育新形态教材：内涵、特征与编写策略［J］. 职教论坛，2020，（4）：21-26.

［10］蔡跃，王偲，李静. 职业教育新型活页式教材的内涵、特征及开发要点［J］. 中国职业技术教育，2021，（11）：88-91+96.

［11］何克抗. 建构主义的教学模式、教学方法与教学设计［J］. 北京师范大学学报（社会科学版），1997，（5）：74-81.